ISBN 978-3-662-23582-9 ISBN 978-3-662-25661-9 (eBook)
DOI 10.1007/978-3-662-25661-9

Gutachten des Reichs-Gesundheitsrats, betreffend die Abwässerbeseitigung der Stadt Offenbach a. Main.

Mit 1 Übersichtsplan (Tafel V) und 7 Anlagen (Tabellen).

Berichterstatter: Professor **Dr. K. B. Lehmann,** Würzburg.

Mitberichterstatter: Geheimer Ober-Baurat **Dr.-Ing. Keller,** Berlin und
Regierungsrat Professor **Dr. Spitta,** Berlin.

Inhalt: Einleitung. 1. Übersicht über die dem Maine auf seinem Unterlaufe zufließenden wichtigeren Abwässer. 2. Die gegen die Verunreinigung des Maines auf seinem Unterlaufe vorgebrachten Beschwerden und die bisherige Beurteilung der Verunreinigung des Flußlaufs durch die Abwässer der Stadt Offenbach. 3. Eigene Untersuchungen des Berichterstatters. 4. Die einzelnen für die Beurteilung der Verunreinigung des Maines bei Offenbach wichtigen industriellen Abwässer, ihre Menge und Beschaffenheit. 5. Die Beurteilung des Mainwassers in seiner jetzigen Beschaffenheit als Gebrauchswasser. 6. Bautechnische Verhältnisse. 7. Mittel zur Besserung der Zustände. 8. Schlußsätze. Übersichtsplan u. Tabellen.

Der Reichs-Gesundheitsrat (Unterausschuß für Beseitigung der Abfallstoffe usw.) hat in den Sitzungen vom 27. und 28. Juni 1912 den Entwurf des über die vorliegende Angelegenheit zu erstattenden Gutachtens beraten.

An dieser Sitzung nahmen, außer Kommissaren der beteiligten Bundesregierungen, teil die nachbezeichneten Mitglieder des Reichs-Gesundheitsrats: Dr. Bumm, Präsident des Kaiserlichen Gesundheitsamtes, als Vorsitzender; Dr. Barnick, Frankfurt a. O.; Dr. Beckurts, Braunschweig; Dr. Beyschlag, Berlin; Dr. von Buchka, Berlin; Dr. C. Fraenken, Halle; Dr. Gärtner, Jena; Dr. Greiff, Karlsruhe; Dr.-Ing. Keller, Berlin; Dr. Kerp, Berlin; Dr. K. B. Lehmann, Würzburg; Dr. Dr.-Ing. Lepsius, Berlin; Dr. Löffler, Greifswald; Dr. A. Orth, Berlin; Dr. Renk, Dresden; Dr. Scheurlen, Stuttgart; Dr. Tjaden, Bremen.

Ferner: Dr. Hofer, München; Dr. Spitta, Berlin.

Das Gutachten wurde in der nachstehenden Fassung abgegeben.

Einleitung.

Die zunehmende Verschmutzung des Mainstroms auf seinem Unterlauf hat schon seit längerer Zeit die Aufmerksamkeit der zuständigen Behörden auf sich gezogen.

Schon in den Jahren 1900 und 1901 wurde auf die Beschaffenheit des Mainwassers an seiner Mündung bei Kostheim durch Untersuchung von Flußwasserproben das Augenmerk gerichtet[1]). Eine grundlegende, den ganzen Untermain umfassende Untersuchung der Verhältnisse fand dann zum ersten Male im Jahre 1904 seitens der Königlich Preußischen Versuchs- und Prüfungsanstalt für Wasserversorgung und Abwässerbeseitigung im Auftrage der Königlich Preußischen Herren Minister der geistlichen, Unterrichts- und Medizinal-Angelegenheiten und für Handel und Gewerbe statt. Die Ergebnisse sind in einem von der genannten Anstalt verfaßten, als Manuskript gedruckten Berichte niedergelegt. Auch gelegentlich der Beratung, welche am 28. und 29. April 1905 unter dem Vorsitz des früheren Präsidenten des Kaiserlichen Gesundheitsamts Dr. Köhler in Mannheim über die Ergebnisse der systematischen Rheinuntersuchungen stattfand, wurde die Verunreinigung des Mains eingehend erörtert.

Als Ergebnis der genannten preußischerseits ausgeführten Mainuntersuchung, die sich von Aschaffenburg abwärts bis zur Mainmündung erstreckte, wurden als Hauptquellen der Verschmutzung festgestellt: die Abwässer der Aschaffenburger Zellstofffabriken, der Offenbacher Gerbereien und Lederfärbereien, der Farbwerke Mühlheim und Fechenheim, der Griesheimer und Höchster Farbwerke sowie die städtischen Abwässer von Offenbach und Frankfurt a. M.

Da die Frage, wie den ermittelten Übelständen abgeholfen werden kann, mehrere Bundesstaaten (Preußen, Bayern und Hessen) berührt, fanden auf Anregung der Reichsverwaltung am 20. und 21. Juni 1907 in Frankfurt a. M. und in Aschaffenhurg und später nochmals am 14. und 15. Juni 1909 in Frankfurt a. M. Beratungen unter Teilnahme von Vertretern des Reichs und der Mainuferstaaten über die bezeichnete Angelegenheit statt. Weitere Besprechungen, an welchen aber vorwiegend technische Beamte beteiligt waren, wurden am 18. Juni 1910 in Wiesbaden und am 18. Mai 1912 in Aschaffenburg abgehalten.

Unter den erörterten Maßnahmen zur besseren Reinhaltung des Mainflusses spielt auch die Verbesserung der Abwässerverhältnisse der Stadt Offenbach eine Rolle; sie ist im Reichstag schon wiederholt zur Sprache gebracht worden und war auch im hessischen Landtag bereits Gegenstand der Verhandlung. Um eine Beschleunigung dieser Angelegenheit herbeizuführen, haben die Königlich Preußischen Herren Minister für Handel und Gewerbe, der öffentlichen Arbeiten, der geistlichen pp. Angelegenheiten, für Landwirtschaft pp. und des Innern unterm 7. November 1910 bei dem Herrn Reichskanzler beantragt, gemäß dem Bundesratsbeschlusse vom 25. April 1901 (Veröffentlichungen des Kaiserlichen Gesundheitsamts 1901, S. 506) den Reichs-Gesundheitsrat mit einer gutachtlichen Äußerung darüber zu beauftragen, „welche Maßnahmen erforderlich erscheinen, um die durch die Einleitung der Abwässer der Stadt Offenbach veranlaßte Verunreinigung des Mains auf ein erträgliches Maß zu beschränken“. Das Großherzoglich Hessische Staatsministerium erklärte sich mit diesem Antrag einverstanden, sprach aber dabei das Ersuchen aus, daß bei den für die Erstattung des Gutachtens notwendigen Erhebungen auch die von nicht hessischen Anliegern veranlaßten Verunreinigungen des Mainwassers gleichmäßig Berücksichtigung finden möchten.

---

[1]) Vergl. Gutachten des Reichs-Gesundheitsrats über die Einleitung des Mainzer Kanalwassers einschließlich der Fäkalien in den Rhein. Arbeiten aus dem Kaiserlichen Gesundheitsamte. 20. Bd., S. 269, 302 u. f.

Unter dem 24. November 1910 wurde der Vorsitzende des Reichs-Gesundheitsrats von dem Herrn Staatssekretär des Innern beauftragt, die Erstattung des Gutachtens in die Wege zu leiten. Derselbe bestellte zum Berichterstatter für das Gutachten den ordentlichen Professor und Direktor des Hygienischen Instituts der Königlichen Universität Würzburg Dr. K. B. Lehmann und als Mitberichterstatter den vortragenden Rat im Königlich-Preußischen Ministerium der öffentlichen Arbeiten, Leiter der Königlich Preußischen Landesanstalt für Gewässerkunde Geheimen Ober-Baurat Dr.-Ing. Keller sowie das Mitglied des Kaiserlichen Gesundheitsamts Regierungsrat Professor Dr. Spitta.

Nachdem das von der preußischen und hessischen Regierung zur Verfügung gestellte Aktenmaterial seitens der Berichterstatter einer Durchsicht unterworfen war, fand zunächst am 2. Juni 1911 eine Inaugenscheinnahme an Ort und Stelle statt. Ihr war eine Besprechung der Berichterstatter mit Vertretern der Stadt Offenbach im Rathaus daselbst vorhergegangen. Gleichzeitig wurde am Nachmittage des 2. Juni der Main auf der Strecke Fechenheim-Frankfurt a. M. befahren und bei dieser Gelegenheit eine Anzahl von Wasserproben entnommen.

Da die Untersuchung dieser Proben eben so wenig ein eindeutiges Ergebnis brachte, wie die zahlreichen in den Akten niedergelegten, von verschiedenen Untersuchern zu verschiedenen Zeiten gewonnenen Resultate, so war es unerläßlich, an einigen Profilen des Mainstroms oberhalb und unterhalb Offenbach systematische, mehrere Tage hindurch währende Untersuchungen über die Größe der Verunreinigung des Mainwassers auszuführen; nur auf diese Weise erschien es möglich, eine sichere Grundlage für die Beurteilung der Verhältnisse zu bekommen. Diese Untersuchungen gelangten im September und Dezember 1911 zur Ausführung; sie fanden unter der Leitung des Berichterstatters Professor Dr. K. B. Lehmann und seines Assistenten Dr. Lang statt.

Seitens des Großherzoglich Hessischen Wasserbauamts in Mainz wurden auch noch im Laufe des Sommers 1911 und im Winter 1911 topographische Aufnahmen der Schlammbank oberhalb des Offenbacher Wehres am linken Mainufer durch genaue Peilungen bewirkt.

Wie die Besprechung am 2. Juni 1911 ergab, hatte die Stadt Offenbach inzwischen, namentlich aus Anlaß von großen Schädigungen, die einige starke Regengüsse im August und September 1909 bei den mangelhaften Entwässerungseinrichtungen daselbst verursacht hatten — ein großer Teil wertvoller, in Kellern aufgestapelter Lederwaren wurde durch Überflutungen der Keller in der Stadt Offenbach a. M. vernichtet oder schwer beschädigt —, den Ingenieur Dr. Ing. Heyd in Darmstadt beauftragt, ein Kanalisationsprojekt auszuarbeiten. Dabei sollte zugleich geprüft werden, ob es für die Stadt Offenbach möglich, wirtschaftlich vorteilhaft und daher ratsam sei, Anschluß an die Kanalisation der Stadt Frankfurt a. M. zu suchen, oder ob es sich mehr empfehlen würde, eine eigene Kläranlage für die Offenbacher Abwässer zu bauen. Des ferneren sollte geprüft werden, welches Verfahren im allgemeinen gegebenenfalls für die Abwässer-Reinigung zu wählen sei.

Da die Fertigstellung dieses Kanalisationsprojekts längere Zeit, als angenommen worden war, beanspruchte, und da es andererseits für das Gutachten des Reichs-Gesundheitsrats nicht darauf ankommen konnte, mit allen Einzelheiten des Projekts sich zu befassen, es vielmehr als ausreichend erschien, die Grundzüge des Projekts zu kennen, so wurde die Bürgermeisterei Offenbach ersucht, durch Herrn Dr. Heyd einen gekürzten Erläuterungsbericht anfertigen zu lassen.

Dieser Erläuterungsbericht nebst Übersichtsplan der Neukanalisation ging den Berichterstattern am 24. Januar 1912 zu; zur Klärung einiger Punkte fand eine nochmalige Ortsbesichtigung durch die Berichterstatter in der Zeit vom 6.—8. März 1912 statt.

I. Übersicht über die dem Maine auf seinem Unterlaufe zufließenden wichtigeren Abwässer. (Vgl. auch Abschnitt 4.)

Auf seinem mittleren Laufe führt der Main ein von Verunreinigungen noch ziemlich freies Wasser. Auch die Abwässer der Stadt Würzburg (85 000 Einwohner) ändern an diesem Zustand nicht viel[1]).

Bei Aschaffenburg beginnt dann die Verunreinigung, weniger durch die Abwässer der Stadt (30 000 Einwohner), als vielmehr durch die Abwässer der großen Sulfitzellstoffabriken Stockstadt und Aschaffenburg. Diese Verunreinigung macht sich hauptsächlich in der kalten Jahreszeit durch massenhaftes Auftreten des Abwässerpilzes Sphaerotilus natans bemerklich. Zur Zeit der Zuckerkampagne sollen ferner durch die Gersprenz mit den Abwässern der auf hessischem Gebiet gelegenen Zuckerfabrik Großumstadt erhebliche Schmutzmengen dem Maine zufließen.

Die Abwässer der etwa 30 km weiter abwärts gelegenen Stadt Hanau (35 000 Einwohner) werden seit Ende 1910 in einer nach neuzeitlichen Grundsätzen gebauten Anlage mechanisch gereinigt und erst dann, durch das Wasser der die Stadt durchströmenden Kinzig stark verdünnt, in den Main eingeleitet. Sie verunreinigen den Fluß nicht wesentlich[2]).

Wenige Kilometer unterhalb Hanaus tritt der Main in ein Gebiet, aus welchem ihm große Mengen von Abwässern der chemischen Industrie und der Lederfabrikation sowie auch große Mengen von städtischen Abwässern zufließen (vergl. den Übersichtsplan).

Zunächst ist es das auf dem linken Ufer bei Mühlheim (hessisch) gelegene Farbwerk vorm. A. Leonhardt & Co., dann die auf dem rechten Ufer oberhalb Fechenheim (preußisch) befindliche große chemische Fabrik von Leopold Cassella & Co., deren Abwässer für die Verunreinigung des Mainwassers bedeutungsvoll sind. Etwa 2 km weiter abwärts tritt der Main in das Weichbild der Stadt Offenbach-Bürgel (linkes Ufer) ein und empfängt hier große Mengen von Abwässern aus Lederfabriken, aus der chemischen Fabrik Elektron (Werk Oehler) und den städtischen Abzugskanälen. Der Hauptabzugskanal für das Offenbacher städtische Abwasser ist der sogenannte „städtische

---

[1]) Breidenbach, Der Zustand des Mainwassers und der Mainufer oberhalb, unterhalb und innerhalb Würzburgs. Würzburg 1908.

[2]) Gutachten über die Zulässigkeit der Fäkalienabschwemmung der Stadt Hanau in den Main. Mitteilungen der Königl. Prüfungsanstalt für Wasserversorgung und Abwasserbeseitigung. Heft 5 (1904).

Graben unterhalb des Hafens". Seine Mündung liegt rund 1 km oberhalb des nächsten Mainstaues, des Offenbacher Nadelwehrs. Zur Zeit der Besichtigung durch die Berichterstatter am 2. Juni 1911 war die Ausmündung dieses Grabens reguliert, befestigt und mit einem Überfallwehre versehen. Ein daselbst aufgestellter selbstregistrierender Apparat nach Henochsberg-Fueß erlaubte eine dauernde Messung der dem Graben entströmenden Abwassermenge.

Wenige hundert Meter unterhalb des Offenbacher Wehres tritt der Main auf preußisches Gebiet über und in das Weichbild der Stadt Frankfurt a. M. ein Auf der Grenze zwischen Preußen und Hessen mündet der „Grenzgraben", welcher die Abwässer einiger Lederleimfabriken in Offenbach abführt. Der Main ist dann kurz unterhalb der Stadt Frankfurt abermals gestaut (Frankfurter Wehr)[1]).

Die Abwässer der Stadt Frankfurt (415000 Einwohner) werden in einem großen Sammelkanale bis unterhalb des Frankfurter Wehres (etwa 1 km oberhalb von Griesheim) geführt, dort mittels Dükers auf das linke Mainufer geleitet und hier in großen Beckenanlagen mechanisch gereinigt. Am rechten Mainufer mündet lediglich der Hauptnotauslaß. Das mechanisch gereinigte Abwasser fließt am linken Mainufer etwa 400 m unterhalb der Eisenbahnbrücke am Rotenham in den Main ein. Die Ausmündungsstelle liegt etwa $1^1/_2$ km unterhalb des Frankfurter Wehres und etwa 9 km unterhalb des Ausflusses des Offenbacher „Städtischen Grabens". Unterhalb dieser Abwässerzuflüsse beginnt dann die bis zur Mündung in den Rhein reichende Mainstrecke, an welcher sich die Industrie in fast noch höherem Maße angesiedelt hat, als oberhalb von Frankfurt. Der Vollständigkeit halber seien die wichtigsten Industriebetriebe genannt: Chemische Fabrik Griesheim-Elektron, Höchster Farbwerke (preußisch) vorm. Meister, Lucius und Brüning, Kunstseidefabriken A. G. Kelsterbach (hessisch), Zellstoffabrik Okriftel (preußisch) und Zellstoffabrik Kostheim (hessisch).

Außerdem fließen dem Maine noch durch Nidda, Liederbach und Goldbach industrielle Abwässer (hauptsächlich Gerbereiabwässer) mittelbar zu.

Wie diese kurze Übersicht zeigt, sind also die Abwässer der Stadt Offenbach nur ein Glied in der langen Kette von Abwasserzuflüssen, welche der Main bis zu seiner Mündung aufnimmt.

2. Die gegen die Verunreinigung des Maines auf seinem Unterlaufe vorgebrachten Beschwerden und die bisherige Beurteilung der Verunreinigung des Flußlaufs durch die Abwässer der Stadt Offenbach.

Klagen über die Mainverunreinigung sind, soweit die Akten ersehen lassen, seitens der Badeanstaltsbesitzer in Frankfurt a. M. schon im Jahre 1887 erhoben worden.

Am 8. Oktober 1898 fand eine Befahrung des Maines durch preußische und hessische Sachverständige und Beamte statt. Bei dieser Gelegenheit und bei einer zweiten, hessischerseits am 3. November 1898 ausgeführten Befahrung wurde fest-

[1]) Bis zur Mündung in den Rhein finden sich dann noch folgende Stauanlagen: Höchster Wehr, Okrifteler Schleuse, Flörsheimer Schleuse und Kostheimer Schleuse.

gestellt, daß die Offenbacher Abwässer den Main stark verunreinigen und daß an dieser Verunreinigung in erster Linie die Abwässer der Offenbacher Lederfabriken Schuld trügen.

Wie es in dem Bericht über die Befahrung heißt, wirken die verschiedenen Abwässer ausfällend aufeinander; es sei also wahrscheinlich, daß durch Sammlung sämtlicher Abwässer und Abklären derselben in einem Absitzbecken der größte Teil der Mißstände würde beseitigt werden können.

Das Mainwasser muß in der Tat schon damals einen sehr abstoßenden Anblick gewährt haben; unter anderem enthält eine Beschwerde des Generalkommandos des 18. Armeekorps aus dem Jahre 1899 über die Verschmutzung des Flußwassers bei Frankfurt die Angabe, daß die Soldaten vor dem Baden im Flusse sich ekelten.

Von den Uferbewohnern wurden wiederholt Beschwerden bei den gesetzgebenden Körperschaften über das Herrschen unerträglicher Zustände erhoben. Am 6. November 1904 überwies der Reichstag Petitionen dieser Art dem Herrn Reichskanzler zur Erwägung. Am 4. März 1910 kam die Mainverunreinigung im Reichstag aufs neue zur Sprache, Ende 1010 wendeten sich abermals 13 Vereine aus Frankfurt a. M. und der dortigen Umgegend, in erster Linie Fischer und Schiffer, aber auch Schwimmklubs und Badeanstaltsbesitzer mit einer Petition an den Reichstag, damit dieser die geeignet erscheinenden Maßnahmen beschließe, um der Verunreinigung und Verseuchung des Mainflusses durch Abwässer der Industrien und der Ortschaften nun endlich ein Ende zu bereiten.

Die Petition, welche dem Herrn Reichskanzler als Material überwiesen wurde, macht für die schlechten Zustände die Abwässer der Fabriken und die Kanalabwässer der Stadt Offenbach verantwortlich. Auch in der Sitzung des Reichstags vom 30. Januar 1911 wurde auf die Verunreinigung des Maines hingewiesen und dabei hauptsächlich der Offenbacher Abwässer als Verschmutzungsquelle gedacht.

Es dürfte sich erübrigen, näher auf den Inhalt dieser und anderer Klagen, welche mehr oder minder subjektiv gefärbt sind, einzugehen. Es wird wichtiger sein, hier darzulegen, welcher Grad der Verunreinigung des Mainwassers objektiv durch die zahlreichen, auf Grund erhobener Beschwerden vorgenommenen Untersuchungen festgestellt werden konnte, und wie das Urteil der bisher tätig gewesenen Sachverständigen lautet.

In dem gutachtlichen Berichte, der im Auftrag der beteiligten Preußischen Herren Ressortminister im Jahre 1904 über die Verunreinigung des Maines von der Königlich Preußischen Versuchs- und Prüfungsanstalt für Wasserversorgung und Abwässerbeseitigung erstattet worden ist, wird über die Abwässer der Stadt Offenbach nachstehendes geäußert:

„Von den Städten ist es zunächst Offenbach — die oberhalb liegenden Orte kommen nur wenig in Betracht —, dessen durch den städtischen Graben zuströmendes Abwasser so ungenügend geklärt ist, daß die Menge und Beschaffenheit des vor der nächsten Schleuse sich anhäufenden Schlammes, welcher durch den Pilzschlamm der Aschaffenburger Zellulosefabriken und die mitgeschwemmten groben Bestandteile der Offenbacher Gerbereien vermehrt wird, zu Kalamitäten führt. Ferner spielen die

Abwässer der Offenbacher Gerbereien und Lederfärbereien keine unwesentliche Rolle bei der Verunreinigung des Flusses, zumal die mechanische Reinigung derselben meist eine unvollkommene ist.“ Im übrigen heißt es:

„Auch die oberhalb Frankfurt gelegenen Farbwerke (namentlich Mühlheim und Fechenheim) führen dem Main neben organischen Substanzen, Säuren u. a. Chemikalien so reichlich Farbstoffe zu, daß diese fast täglich bis unterhalb der Stadt Frankfurt dem Mainwasser eine rötlich-braune Färbung verleihen.“

Die biologische Untersuchung des Mainstromes durch den Berichterstatter der Anstalt Professor Dr. Marsson am 2. September 1904 ergab eine deutliche Verschmutzung des Maines durch die Offenbacher Abwässer. Dagegen war das Ergebnis der bakteriologischen Prüfung nicht beweiskräftig.

Gelegentlich der Beratungen von Maßregeln gegen die Verunreinigung des Maines, welche in der Einleitung erwähnt worden sind, wurde stets widerspruchslos anerkannt, daß die Stadt Offenbach mitschuldig an der Mainverunreinigung sei und Vorsorge zu treffen habe, daß ihre Abwässer fernerhin nicht ungereinigt in den Flußlauf gelangen. So äußerte sich Professor Marsson in der Sitzung vom 15. Mai 1906 in Frankfurt a. M. dahin, daß der Main oberhalb des Offenbacher Wehres bis an die Grenze des Erlaubten verschmutzt sei, die schwerwiegendste Verschmutzung weise der Flußgrund durch seine Verschlammung auf. Die im Winter erfolgende Niederlegung der Wehre stelle allerdings vorübergehend immer wieder normale Zustände her. Die Reinigungsvorschriften für die Abwässer der Offenbacher Gerbereien seien ungenügend.

Bei einer dieser Beratung voraufgehenden Mainbefahrung auf der Strecke Mainkur-Höchst am 14. Mai 1906 wurde die starke Verschlammung des Flußbodens am Offenbacher Wehre durch schwarze, stinkende, in Zersetzung befindliche Massen, der überaus schlechte Zustand des Offenbacher städtischen Grabens an seiner Mündung und die Färbung des Mainwassers durch die Abwässer der oberhalb Offenbach gelegenen chemischen Fabriken feststellt.

Die gleichen Feststellungen wurden gelegentlich der Mainbefahrung am 20. Juni 1907 gemacht. Bei der gleichzeitig stattfindenden Beratung in Frankfurt a. M. äußerte sich der Kreisrat in Offenbach von Hombergk zu Vach dahin, daß es außer allem Zweifel stände, daß die Stadt Offenbach sehr zur Verschmutzung des Maines beitrage.

Die damalige Beurteilung der Verhältnisse war also im allgemeinen übereinstimmend. Dagegen läßt sich nicht sagen, daß die später vorgenommenen regelmäßigen Mainuntersuchungen, bei welchen hauptsächlich chemische und bakteriologische Methoden zur Anwendung kamen, in eindeutiger Weise den Anteil festgestellt hätten, welchen die Stadt Offenbach an der Mainverunreinigung hat. Und doch ist es wichtig, hierüber Klarheit zu haben, weil solche Feststellungen die Unterlagen zu bilden haben, auf Grund deren befürwortet werden kann, was die Stadt Offenbach zur Beseitigung der Mißstände tun soll.

Es lagen den Berichterstattern die Ergebnisse folgender, die Offenbacher Mainstrecke betreffende Untersuchungen vor:

1. Untersuchung vom 28. Juni 1909 durch die Medizinaluntersuchungsstelle in Wiesbaden, ergänzt durch eine biologische Untersuchung durch Professor Marsson.

Wesentliches Ergebnis der vorwiegend biologischen Untersuchung: Starke Verschmutzung der Flußsohle durch Gerbereiabfälle, starke Verschlammung des Flußbetts unterhalb der Einmündung des „städtischen Grabens" und Vorhandensein von viel suspendiertem Material, das auf eine Verschmutzung durch die Offenbacher Siele hinwies. Am Offenbacher Wehre war die Mainverunreinigung am offensichtlichsten.

2. Untersuchung des Mainwasseruntersuchungamts vom 11., 13. und 15. November 1909[1]).

Wesentliches Ergebnis: Deutlicher Einfluß der Abwässer der Fabrik Leopold Cassella & Co. Die Offenbacher Abwässer machen sich bemerkbar durch eine stärkere Trübung des Mainwassers und eine Steigerung der Sauerstoffzehrung. Ein Einfluß der Stadt Offenbach in bakteriologischer Beziehung konnte nicht festgestellt werden.

3. Untersuchung des Mainwasseruntersuchungsamts vom 16. bis 18. März 1910.

Das Ergebnis war im wesentlichen das nämliche wie bei 2.

4. Untersuchung des Mainwasseruntersuchungsamts vom 28. Juni 1910.

Wesentliches Ergebnis: Auf der linken Mainseite ist die Verunreinigung durch die Offenbacher Abwässer hauptsächlich an einer Steigerung der Sauerstoffzehrung erkennbar. Innerhalb der Stadt Frankfurt wurde eine wohl auf die Offenbacher Abwässer zurückzuführende Steigerung des Bakteriengehalts des Wassers in der Mitte und auf der linken Seite des Flusses festgestellt.

5. Untersuchung des Mainwasseruntersuchungsamts vom 6. September 1910.

Wesentliches Ergebnis: Eine Steigerung des Chlorgehalts, des Sauerstoffverbrauchs und der Sauerstoffzehrung unterhalb Offenbach, die sowohl auf die Abwässer der chemischen Fabrik Leopold Cassella & Co. als auch auf die Abwässer der Stadt Offenbach zurückgeführt wurde.

In der nachstehenden Tabelle (S. 236 u. 237) sind die hauptsächlichen Ergebnisse der unter 2. bis 5. genannten Untersuchungen zusammengestellt.

6. Untersuchung des Chemischen Untersuchungsamts der Provinz Rheinhessen vom 16. und 17. März 1910.

Wesentliches Ergebnis: Verfärbung des Maines unterhalb Offenbach, Zunahme des Chlorgehalts und des Keimgehalts. Unterhalb Offenbach wurde viel Schlamm am

---

[1]) Seit dem Jahre 1909 sind regelmäßige Mainwasseruntersuchungen sowohl in Preußen als auch in Bayern und Hessen im Gange. In Preußen werden sie ausgeführt durch das besonders hierzu errichtete Mainwasseruntersuchungsamt der Königlichen Regierung in Wiesbaden, in Hessen durch das chemische Untersuchungsamt der Provinz Rheinhessen zu Mainz. Im Auftrag der Stadt Frankfurt hat auch das städt. Hygienische Institut in Frankfurt a. M sich mit Mainwasseruntersuchungen befaßt.

Flußboden gefunden, an dessen Ablagerung hauptsächlich die Lederfabriken die Schuld tragen. Der Schlamm enthielt große Mengen von Haaren, war schwarz und roch faulig.

7. Untersuchung des Städt. Hygienischen Instituts in Frankfurt a. M. vom 29. September 1909, vorgenommen unter Teilnahme von zwei Mitgliedern der Königlich Preußischen Versuchs- und Prüfungsanstalt für Wasserversorgung und Abwässerbeseitigung.

Wesentliches Ergebnis: Auftreten eines außerordentlich belästigenden Geruchs des Mainwassers unterhalb der Offenbacher Gerbereien. Die Oxydierbarkeit ist durch den Zufluß der Offenbacher Abwässer im Mainwasser erhöht. Im Plankton finden sich viel Ziegenhaare aus den Offenbacher Gerbereien und polysaprobe (d. h. Abwasser-) Organismen. Der Bakteriengehalt des Mainwassers ist unterhalb Offenbach stark erhöht, ebenso die Sauerstoffzehrung.

Vor dem Offenbacher Wehre auf der linken Stromseite war der Flußboden mit stinkendem schwarzen Schlamme bedeckt, in welchem nach dem Absieben Papier und Haare erkennbar waren. An den Nadeln des Offenbacher Wehres fanden sich viel Sphaerotilusflocken, Haare, Nematoden und dergl.

8. Untersuchung des Städt. Hygienischen Instituts in Frankfurt a. M. vom 21.—23, März 1910.

Wesentliches Ergebnis: Das Mainwasser unterhalb Offenbach zeigte dunkle Verfärbung, Trübung und unangenehmen Geruch. Chemisch war die Verunreinigung, abgesehen von einer Steigerung der Sauerstoffzehrung, nicht deutlich nachweisbar. Dagegen enthielt das Plankton viele auf Verunreinigung hinweisende Bestandteile. Der Bakteriengehalt war unterhalb Offenbach stark erhöht.

Nach dem Untersuchungsbericht ist übrigens die Verunreinigung, welche das Mainwasser durch die Stadt Offenbach erleidet, örtlicher Art; ihre schädlichen Folgen sind im Bereiche der Stadt Frankfurt durch Selbstreinigung fast vollständig ausgeglichen.

9. Untersuchung des Städt. Hygienischen Instituts in Frankfurt a. M. vom 21. September 1911.

Wesentliches Ergebnis: Das Offenbacher Abwasser färbt das Mainwasser am linken Ufer auf eine ganze Strecke hin fast schwarz, der gesamte Flußboden am linken Ufer unterhalb der Offenbacher Abwässerzuflüsse ist verschlammt. Die Ergebnisse der chemischen Untersuchung sprechen jedoch nicht für Verunreinigung, wenigstens sind sie nicht eindeutig. Bakteriologisch ließ sich dagegen die Verunreinigung nachweisen.

10. Untersuchungen des Städt. Hygienischen Instituts in Frankfurt a. M. vom 10., 14. und 29. Oktober (Nachtuntersuchungen).

Wesentliches Ergebnis: Ein regelmäßiges Ablassen konzentrierter Abwässer seitens der Fabriken während der Nacht findet nicht statt, nur gelegentlich lassen die Fabriken nachts Abwasser ablaufen (an der Oehlerschen Fabrik beobachtet).

Untersuchungen des Mainwasseruntersuchungsamtes in Wiesbaden am 11.

Probeentnahmestellen zwischen

	Entnahmestelle	Untersuchung vom 11.—15. 11. 1909 Wasserstand am Hanauer Pegel 1,04—1,54 m (Proben aus der Strommitte)				
		Susp. Stoffe mg/L	Chlor mg/L	Sauerstoffverbrauch mg/L	Sauerstoffzehrung mg/L	Keime in 1 ccm
I	Main oberhalb Fechenheim, bezw. unterhalb von Hanau	4	15	18	0,35	15000
II	Main unterhalb Fechenheim, oberhalb von Offenbach	4	44	18	0,24	—
III	Main unterhalb der Einmündung der Offenbacher Abwässer, oberhalb des Offenbacher Wehrs	5	40	13	0,52	11000
IV	Main oberhalb, bezw. innerhalb von Frankfurt, oberhalb des Frankfurter Wehrs	10	31	13	0,55	21000[1])
V	Main unterhalb des Frankfurter Wehrs, oberhalb der Frankfurter Kläranlage	—	—	—	—	18000[1])
VI	Main unterhalb der Einmündung der Frankfurter Abwässer	11	32	13	1,20	—[1])

	Entnahmestelle	Untersuchung vom Wasserstand am								
		Susp. Stoffe mg/L			Chlor mg/L			Sauerstoffverbrauch mg/L		
		R	M	L	R	M	L	R	M	L
I	Main oberhalb Fechenheim, bezw. unterhalb von Hanau	51	50	60	15	15	15	13,5	13,0	13,5
II	Main unterhalb Fechenheim, oberhalb von Offenbach	—	—	—	—	—	—	—	—	—
III	Main unterhalb der Einmündung der Offenbacher Abwässer, oberhalb des Offenbacher Wehrs	38	58	81	22	22	20	11,5	12,5	14,0
IV	Main oberhalb, bezw. innerhalb von Frankfurt, oberhalb des Frankfurter Wehrs	48	71	79	22	22	20	12,0	13,5	14,0
V	Main unterhalb des Frankfurter Wehrs, oberhalb der Frankfurter Kläranlage	48	51	58	21	21	19	12,0	13,5	13,0
VI	Main unterhalb der Einmündung der Frankfurter Abwässer	49	60	60	21	21	21	13,0	13,5	14,5

Zeichenerklärung: mg/L = Milligramme in einem Liter.
Susp. Stoffe = suspendierte oder Schwebestoffe.
R = rechte Stromseite.
M = Mitte.
L = linke Stromseite.

bis 15. November 1909, 16.—18. März 1910, 28. Juni 1910 und 6. September 1910.
Mühlheim und Griesheim.

Untersuchung vom 6. 9. 1910
Wasserstand am Hanauer Pegel 1,48 m

Susp. Stoffe mg/L			Chlor mg/L			Sauerstoffverbrauch mg/L			Sauerstoffzehrung mg/L			Keime in 1 ccm		
R	M	L	R	M	L	R	M	L	R	M	L	R	M	L
21	21	16	20	16	17	10,5	10,0	12,5	1,06	1,15	1,29	—	—	—
—	—	—	—	—	—	—	—	—	—	—	—	—	—	—
12	18	25	33	29	25	11,0	13,0	14,0	0,77	1,00	3,17	—	—	—
—	—	—	—	—	—	—	—	—	—	—	—	—	—	—
—	—	—	—	—	—	—	—	—	—	—	—	—	—	—
—	—	—	—	—	—	—	—	—	—	—	—	—	—	—

28. 6. 1910 Hanauer Pegel 1,70 m						Untersuchung vom 16.—18. 3. 1910 Wasserstand am Hanauer Pegel 1,85—1,86 m				
[3]) Sauerstoffzehrung mg/L			Keime in 1 ccm			Susp. Stoffe mg/L	Chlor mg/L	Sauer-stoff-verbrauch mg/L	Sauer-stoff-zehrung mg/L	Keime in 1 ccm
R	M	L	R	M	L					
1,21	0,41	1,49	17000	20000	16000	4	13	7,0	0,96	—
—	—	—	—	—	—	10	16	7,0	1,11	—
0,77	1,90	2,04	20000	12000 (Mittel 17000)	19000	—	—	—	—	—
0,80	1,88	1,93	20000	25000	49000	7	17	9,0	2,26	—
0,61	0,87	1,05	14000	23000	62000	—	—	—	—	—
0,54	1,54	3,53	19000	14000	55000	4	18	7,5	1,32	— [2])

[1]) Proben wurden zwei Tage später entnommen als bei III.
[2]) Einen Tag später entnommen als bei IV.
[3]) Sauerstoffzehrung in 24 Stunden, statt in 48 Stunden.

11. Untersuchung der Berichterstatter am 2. Juni 1911.

Es wurden zur Orientierung Proben entnommen aus dem Maine, oberhalb und unterhalb Offenbach. Die Ergebnisse der Untersuchung waren folgende:

Entnahmestelle	Stromteil	1 l Wasser filtriert enthält mg			1 l durch Asbest filtriert. Wassers verbraucht mg Sauerstoff[1])	Elektrisches Leitvermögen bei 18° x · 10⁴
		Trockenrückstand	Glührückstand	Chlor		
Main oberhalb der Cassellaschen Fabrik	5 m vom rechten Ufer	346	215	16	10,2	4,19
	5 m vom linken Ufer	—	—	—	—	4,31
Main unterhalb der Cassellaschen Fabrik in Höhe des Friedhofs	5 m vom rechten Ufer	352	219	21	10,7	4,33
	Mitte	—	—	—	—	4,28
	5 m vom linken Ufer	—	—	—	—	4,28
Main vor Ausmündung des städt. Grabens	5 m vom linken Ufer	355	223	22	11,2	4,46
Desgl. 5 m unterhalb d. Grabenmündung	3 m vom linken Ufer	—	—	—	—	5,65
Main an der Gerbermühle	5 m vom linken Ufer	362	230	22	11,8	4,51

Im Plankton des Mainwassers unterhalb der Offenbacher Kanäle fanden sich Stärkekörner, Haare und Detritus, ferner viele mesosaprobe Planktonten.

Aus diesen Untersuchungen kann man folgende Schlüsse ziehen: Die Verunreinigung des Maines durch die Abwässer der Stadt Offenbach und seiner Industrien ist häufig mit den unbewaffneten Sinnen oder einfachen physikalischen Hilfsmitteln (Trübung) festzustellen; auf biologischem Wege (Plankton, Schlammuntersuchung, Besatz der Wehrnadeln usw.) ist sie fast immer, vielfach auch auf bakteriologischem Wege erkennbar. Dagegen haben die chemischen Untersuchungen des fließenden Wassers sehr wechselnde und wenig eindeutige Ergebnisse gehabt. Die Berichterstatter hielten daher noch systematische chemische Mainwasseruntersuchungen für geboten, damit auch über den Grad der auf chemischem Wege nachweisbaren Verunreinigung Klarheit geschaffen wurde.

3. Eigene Untersuchungen des Berichterstatters.

Am 5. September 1911 begab sich der Berichterstatter Professor Dr. Lehmann mit seinem Assistenten Dr. Lang nach Offenbach, richtete dort in den Räumen der chemischen Untersuchungsstation von Dr. Uhl ein kleines Laboratorium ein, das eine Untersuchung zahlreicher Wasserproben gestattete. Von Dienstag den 5. September

[1]) Bei 10 Minuten langem Kochen auf der Flamme (Drahtnetz) in schwefelsaurer Lösung.

abends bis Freitag den 8. September abends[1]) also während 3mal 24 Stunden, wurden an jedem der ausgewählten Punkte (s. u.) je 12 Proben geschöpft. Bei der Wahl der Zeiten der Probenentnahmen im oberen und unteren Teile des Flußlaufs wurde bedacht, daß der Fluß so träge fließt, daß er von oberhalb Cassella bis an das Offenbacher Wehr etwa 7 Stunden braucht.

Die Untersuchung wurde auf 3 Tage ausgedehnt, um dem Einwande zu begegnen, daß die Stadt oder die beteiligte Industrie während der Untersuchungszeit die Abwässer zurückgehalten habe. Die Großindustrie pflegt bescheidene Aufhaltebecken für ihre Abwässer zu haben. Es ist aber kein Zweifel, daß ein längeres Zurückhalten der Abwässer als für einen halben oder einen Tag nur in den allerseltensten Fällen möglich sein kann. Die Entnahmezeiten wurden sowohl auf Tag- wie auf Nachtstunden verlegt.

Die Entnahmestellen sind aus dem beigegebenen Übersichtsplane zu ersehen, aus dem hervorgeht, daß das Bestreben dahin ging, den Zustand des Maines oberhalb der Cassellaschen Fabrik (Entnahmestellen A, B, C), unterhalb der Cassellaschen Fabrik „bei den Pappeln“ (Entnahmestellen D, E, F) und bei dem Mainwehr unterhalb der Stadt Offenbach (Entnahmestellen K, L, M) je an 3 Stellen (linkes Ufer, Mitte und rechtes Ufer) kennen zu lernen. Dabei wurden unter „linkes Ufer“ und „rechtes Ufer“ jedesmal Stellen verstanden, die 2 Meter vom rechten bezw. linken Ufer entfernt sind. Zur Wahl dieser Stellen leitete die Überzeugung, daß die Abwässer, die sich dem Fluße beimischen, erst allmählich eine gleichmäßige Mischung eingehen, und daß sie durch die Krümmung des Stromes gelegentlich von einem Ufer auf das andere Ufer abgelenkt werden können. Die Entfernung von 2 Meter erschien ausreichend, um kleine, ganz lokale Verunreinigungen auszuschalten. Außer den an diesen 9 Probestellen geschöpften Proben wurden noch, um den Einfluß der Kanalisation der Stadt Offenbach auf den Main kennen zu lernen, 12 Extraproben aus dem städtischen Abwässergraben direkt vor seiner Einmündung in den Main geschöpft (Entnahmestelle G) und Proben von Mainwasser an 2 Stellen am linken Ufer zwischen der Kanalmündung und dem Mainwehre genommen. Diese Entnahmestellen sind in dem Übersichtsplan mit (H) und (J) bezeichnet. In ähnlicher Weise sind auch unterhalb Cassella am rechten Ufer noch eine Anzahl Extraproben mehr gelegentlich und nicht ganz planmäßig genommen worden, deren Entnahmestellen mit Z 1, Z 2, Z 3, bezeichnet worden sind. Endlich wurden noch in der Mainmitte 2 Proben 20 resp. 70 Meter unterhalb der Einmündung der Cassellaschen Abwässer je einmal erhoben und zwar am 8. September 1911 nachts 12 Uhr. Die Proben sind in den Tabellen mit Cas. 1 und Cas. 2 bezeichnet.

Die erste Probenserie wurde von dem Assistenten des Berichterstatters persönlich genommen, der dabei die Einweisung der städtischen Beamten in das Probeschöpfen

[1]) Es hatte im Juli nur 12,6 mm, im August nur 9,6, im September nur ein paar Millimeter geregnet. Der Mainpegel stand im Oberwasser des Wehres bei 94,0 m, ca. 20 cm unter dem mittleren Mittelwasserstande. Der extrem trockene Sommer 1911 bot für die Untersuchung Bedingungen, wie sie für die Stadt Offenbach möglichst ungünstig waren. Während der Untersuchungstage regnete es nicht.

besorgte; die weiteren Proben haben die angeleiteten Beamten des Bauamts selbst geschöpft. Sie wurden vorher zur gewissenhaftesten Entnahme verpflichtet. Es wurden nach diesem Plane außerordentlich viel, nämlich rund 160 Proben gewonnen. Es war nicht beabsichtigt, alle gleichmäßig zu untersuchen, sondern es sollten zunächst die Bestimmungen des Kaliumpermanganatverbrauchs (Sauerstoffverbrauchs) und des Gehaltes an Chloriden ausgeführt werden, damit Anhaltspunkte gewonnen würden, wieweit es sich lohne, an allen Proben oder an Mischungen weitere Untersuchungen vorzunehmen. Ein Blick auf die Tabellen I und II (am Schluß des Gutachtens) lehrt, daß es eine Geld- und Zeitverschwendung gewesen wäre, mehr zu tun, als getan worden ist. Man begnügte sich daher, die Bestimmung der suspendierten Bestandteile, der Trockensubstanz und des Glühverlustes in den vier vereinigten Tagesproben von jeder der 12 Hauptschöpfstellen auszuführen.

Die Bestimmungen von Kalk und Magnesia sind noch weniger zahlreich ausgeführt, wie aus der folgenden Übersichtstabelle hervorgeht. Proben zur Bestimmung des gelösten Sauerstoffs wurden in den von dem Assistenten des Berichterstatters Dr. Lang konstruierten praktischen Flaschen geschöpft, teils persönlich von ihm, teils von einem eingeübten Institutsdiener. Man begnügte sich mit 2 Serien, je einer am 6. und 8. September. Die Proben für die Sauerstoffbestimmungen wurden in der Strommitte entnommen. Es wurden je 3 Proben an jeder der Entnahmestellen geschöpft, um den Sauerstoffgehalt sofort und die Zehrung bei ca. 22° nach 24 und 48 Stunden bestimmen zu können. Da sich aber herausstellte, daß der ursprüngliche Sauerstoffgehalt des Mainwassers oft schon so niedrig war, daß nach 24 Stunden fast aller Sauerstoff verschwunden, die Berechnung der „Sauerstoffzehrung" also mit Sicherheit nicht möglich war, so sind die Zahlen für die Zehrung durch Angaben des „Sauerstoffdefizits" ergänzt und diese letzteren für die Beurteilung hauptsächlich benutzt worden.

Das gesamte aus dem September 1911 stammende Analysenmaterial ist am Schlusse des Gutachtens in den Tabellen I und II niedergelegt[1]).

Am übersichtlichsten werden die Ergebnisse, wenn aus allen Zahlen Mittelwerte in dem Sinne berechnet werden, daß man die Durchschnittswerte für die an den drei aufeinanderfolgenden Tagen an jeder der 12 Hauptentnahmestellen geschöpften Proben ermittelt. Auch alle 12 Werte für die bei Z 1, Z 2 und Z 3 geschöpften Proben wurden zu Mittelwerten verarbeitet, ebenso die allerdings nur einmal analysierten Proben Cas. 1 und Cas. 2.

Es ergibt sich dann nachstehende Übersichtstabelle (s. S. 242 und 243).

Eine bakteriologische Untersuchung des Mainwassers wurde am 12. Dezember 1911 vorgenommen. Es wurden in den gleichen Profilen wie bei der chemischen Untersuchung Proben entnommen, und zwar 10 cm unter dem Wasserspiegel. Die Wasserproben wurden hundertfach verdünnt, von jeder Probe zwei Platten gegossen und mit der Lupe gezählt. Die Ergebnisse enthält die Tabelle IV am Schluß des Gutachtens. Außerdem wurde der „Thermophilentiter" und „Kolititer" des Main-

[1]) Am 12. Dezember wurden nochmals Proben für die Sauerstoffbestimmung entnommen. Diese Ergebnisse finden sich in der Tabelle III zusammengestellt.

wassers bestimmt, indem Mengen von 1,0 bis 0,0000001 ccm Wasser mit 10 ccm gewöhnlicher Bouillon im Brutschrank bei 37° gehalten und 24 bezw. 48 Stunden beobachtet wurden. Zur Bestimmung des „Kolititers“ wurden die Wassermengen in geschmolzenem Traubenzuckeragar verteilt und 48 Stunden lang im Brutschrank gehalten. Die Ergebnisse finden sich in den Tabellen V und VI zusammengestellt. Außerdem sind die Hauptergebnisse auch in die nachstehende Übersichtstabelle mit aufgenommen worden.

Zur Ergänzung der Wasseruntersuchungen wurde eine Reihe von Schlammproben in den genannten Profilen entnommen. In den Proben wurde sowohl im frischen wie im getrockneten Zustand der Schwefelwasserstoff bestimmt in der Weise, daß die Proben mit Phosphorsäure versetzt im Kohlensäurestrom destilliert wurden. Der übergehende Schwefelwasserstoff wurde in einer Jodvorlage aufgefangen, hinter der eine Hyposulfitvorlage angebracht war. Die Titerabnahme der vereinigten Vorlagen wurde auf Schwefelwasserstoff bezogen. Die Ergebnisse dieser Untersuchung enthält die Tabelle VII. Im folgenden sind die bei der Analyse des trockenen Schlammes gewonnenen Zahlen als die richtigeren verwendet worden.

Aus den Untersuchungsergebnissen geht folgendes hervor (vergl. die Übersichtstabelle).

I. Der Main führt schon **oberhalb Fechenheim,** d. h. oberhalb des Einflusses der Abwässer der Fabrik von Leopold Cassella & Co. im Profil A-B-C ein Wasser, das die Bezeichnung eines reinen Flußwassers nicht mehr verdient. Der verhältnismäßig hohe Sauerstoffverbrauch (Kaliumpermanganatverbrauch) des Wassers und der geringe Gehalt an gelöstem Sauerstoff bezw. das große Sauerstoffdefizit deuten auf Verunreinigungen durch große Massen organischer oder anderer reduzierender Stoffe hin. Der Sauerstoffverbrauch betrug im Mittel 20 mg im Liter. Unterschiede zwischen den einzelnen Stromteilen waren kaum vorhanden, nur auf der rechten Stromseite war der Verbrauch etwas geringer. Für die Septemberuntersuchungen errechnet sich ein Sauerstoffdefizit von 2,46 ccm im Liter im Mittel. Am 12. Dezember 1911 betrug das Sauerstoffdefizit im Mittel 2,90 ccm im Liter. Es darf als sicher angenommen werden, daß die im Profil A-B-C durch Sauerstoffverbrauch und Sauerstoffdefizit gekennzeichnete Verunreinigung durch die Kocherablaugen verursacht wird, welche die Sulfitzellstoffabriken in und bei Aschaffenburg dem Maine überantworten.

Der mittlere Chlorgehalt des Wassers im Profil A-B-C betrug 27 mg im Liter, der mittlere Gehalt an Schwebestoffen 16,4 mg im Liter, von denen 7 mg organischer Natur waren. Der Trockenrückstand betrug im Mittel 370 mg im Liter. Der Bakteriengehalt des Mainwassers im Profil A-B-C war am 12. Dezember 1911 ein verhältnismäßig niedriger und gleichmäßiger. Er betrug durchschnittlich 7300 Keime im Kubikzentimeter. Bacterium coli war in der Strommitte und rechts noch in $^1/_{10}$ ccm Wasser nachweisbar, „thermophile“ Keime noch in $^1/_{100}$, in der Mitte sogar in $^1/_{1000}$ ccm.

Der Schwefelwasserstoffgehalt des trockenen Schlammes (vergl. Tabelle VII) im Profil A-B-C war vor allem am linken Ufer nicht unerheblich. Hier

Übersichtstabelle der erhaltenen Untersuchungsergebnisse im
(Die einzelnen Untersuchungsergebnisse sind in den

Untersuchungen fanden statt im	Gegenstand der Untersuchung	I Entnahmestellen oberhalb der Cassellaschen Fabrik bei Mainkur			Durchschnitt von A, B, C	II Entnahmestellen unterhalb der Cassellaschen Fabrik, aber oberhalb Bürgel			Durchschnitt von D, E, F
	Ergebnisse angegeben in mg[1]) für den Liter	A	B	C		D	E	F	
September 1911[2])	Trockenrückstand	360	371	380	**370**	433	434	393	**420**
	Asche	233	240	240	238	259	269	239	256
„	Glühverlust	127	131	140	133	174	165	154	164
„	Schwebestoffe: Gesamte, getrocknet bei 100°	13,6	17,0	18,5	**16,4**	23,7	13,0	17,0	**17,9**
„	Schwebestoffe: Organische . .	5,6	7,4	7,8	6,9	10,7	6,0	7,6	8,1
„	Schwebestoffe: Anorganische .	8,0	9,6	10,7	9,4	13,0	7,0	9,4	9,8
„	Sauerstoffverbrauch	19,1	20,6	20,6	**20,1**	22,0	22,1	21,1	**21,7**
„	Chlor	29,3	25,4	26,5	**27,1**	54,4	53,8	36,8	**48,3**
„	Sauerstoffdefizit .	2,79	1,82	2,78	**2,46**	3,78	2,30	3,47	**3,18**
Dezember 1911	„	3,16	2,65	2,89	2,90	3,54	2,83	3,47	3,28
September 1911	Kalziumoxyd . . .	—	85,0	—	—	—	87,5	—	—
„	Magnesiumoxyd . .	—	39,4	—	—	—	41,6	—	—
„	Schwefelsäure (SO_3) .	—	71,3	—	—	—	86,7	—	—
Dezember 1911	Keimzahl im ccm[3]) .	7500	7400	7000	**7300**	6500	5800	6500	**6270**
„	Thermophilentiter nachweisbar[4]) bis . . . ccm nach 48 Stunden	0,01	0,001	0,01	—	0,001	0,01	0,01	—
„	Kolititer nachweisbar[4]) bis . . . ccm nach 48 Stunden	0,1	0,1	1,0	—	0,1	1,0	0,1	—

wurden im Mittel 642 mg Schwefelwasserstoff in 1 kg trockenen Schlammes gefunden. Die weiter stromabwärts im Flußschlamm gefundenen Werte sind jedoch noch weit höhere.

II. **Unterhalb Fechenheim,** d. h. unterhalb der Cassellaschen Fabrik, aber oberhalb Bürgel, im Profil D-E-F war der Sauerstoffverbrauch des Mainwassers, verglichen mit dem Verbrauch im Profil A-B-C durchschnittlich nur um $1^1/_2$ mg im Liter gesteigert. Das Sauerstoffdefizit betrug im September 1911 rechts 3,78, in der Mitte 2,30 und links 3,47 ccm im Liter, im Durchschnitt also 3,18 ccm. Das sind 0,72 ccm mehr als oberhalb der Cassellaschen Fabrik. Am 12. Dezember 1911 betrug das Defizit durchschnittlich 3,28 ccm, das sind 0,38 ccm mehr als oberhalb

[1]) Beim Sauerstoffdefizit in ccm für den Liter.

[2]) Die Ergebnisse der Septemberuntersuchungen sind großenteils Mittelwerte aus je 12 (beim gelösten Sauerstoff aus je 2) Analysen.

besonderen zur Veranschaulichung der errechneten Mittelwerte.
Tabellen I, II, III, IV, V und VI am Schluß des Gutachtens niedergelegt.)

III Entnahmestellen unterhalb der Offenbacher Abwässer am Offenbacher Wehr			Durchschnitt von K, L, M	Abwasser aus dem städt. Graben	Entnahmestellen unterhalb der Einmündung des städt. Grabens		Entnahmestelle dicht unterhalb Cassella	Entnahmestellen nahe dem Cassellaschen Kanal (Strommitte)
K	L	M		G	H	J	Z	Cas
434	443	435	**437**	710	453	455	419	400
273	267	270	270	452	273	281	245	236
161	176	166	167	258	181	175	175	165
15,5	13,2	14,5	**14,4**	204	15,3	15,7	16,7	11,0
5,7	6,3	7,5	6,5	112	8,4	8,5	7,2	4,4
9,8	6,9	7,0	7,9	92	6,9	7,2	9,5	6,6
21,4	22,7	23,3	**22,5**	78,0	31,4	31,6	21,8	23,6
55,8	57,9	57,3	**57,0**	149	59,0	58,9	56,0	43,0
5,26	4,71	5,28	**5,08**	(5,85)[5])	—	—	—	—
3,37	3,45	3,63	3,48	4,48	3,97	3,82	—	—
—	92,5	—	—	108	88,5	88,0	—	—
—	42,1	—	—	39,4	41,9	40,5	—	—
—	86,9	—	—	120	92,7	93,5	—	—
9500	7700	9300	**8830**	230 000	33 800	15 500	—	—
0,001	0,01	0,001	—	0,0001	0,001	0,01	—	—
0,1	0,1	0,01	—	0,001	0,01	0,01	—	—

Cassella. Dagegen ist der Chlorgehalt, verglichen mit dem Profil A-B-C, nicht unwesentlich erhöht, hauptsächlich auf der rechten Stromseite und in der Mitte. Die Erhöhung beträgt durchschnittlich 21 mg im Liter. Desgleichen ist der Zuwachs an Schwefelsäure (SO_3) von 71,3 auf 86,7 mg, also um 15,4 mg in der Strommitte bemerkenswert.

Die Schwebestoffe sind im Profil D-E-F gegenüber dem Profil A-B-C nur ganz unwesentlich vermehrt, nämlich im Durchschnitt um 1,5 mg, von denen 1,2 mg organisch sind. Der Trockenrückstand ist gegen oberhalb im Mittel um 50 mg im Liter erhöht. Eine Vermehrung der Bakterien gegen oberhalb wurde am 12. Dezember 1911 nicht beobachtet, im Gegenteil wurde eine Abnahme von durchnittlich

[3]) Mittel aus zwei Plattenkulturen (einmalige Probeentnahme).
[4]) Einmalige Probeentnahme.
[5]) Als total anzunehmen.

rund 1000 Keimen im Kubikzentimeter festgestellt. Der Gehalt an Bacterium coli war etwa der gleiche wie oberhalb. Möglicherweise ist die Verringerung der Bakterienmengen auf desinfizierend wirkende Abwässer aus der Cassellaschen Fabrik zurückzuführen.

Wichtig ist die Feststellung, daß der Schwefelwasserstoffgehalt der im Profil D-E-F entnommenen Schlammproben ein sehr hoher ist (Tabelle VII). Als höchste Zahl wurden am linken Ufer rund 3170 mg Schwefelwasserstoff in 1 kg trockenen Schlammes festgestellt, das sind rund 2530 mg mehr als auf der gleichen Stromseite im Profil A-B-C. Auch auf dem rechten Ufer und in der Strommitte war die Zunahme des Sulfidgehaltes des Schlammes erheblich, sie betrug rund 960 bezw. 1920 mg im Kilogramm Schlamm.

III. Vor dem Offenbacher Wehre, **unterhalb des Einflusses der Abwässer der Stadt Offenbach** und ihrer Industrien, d. h. an einer Stelle, wo bereits eine gute Durchmischung der Wässer stattgefunden hatte, im Profil K-L-M war der Sauerstoffverbrauch des Mainwassers gegenüber dem Profil D-E-F nur um durchschnittlich 0,8 mg höher. Die Erhöhung betrifft hauptsächlich die linke Stromseite. Das Sauerstoffdefizit betrug im September durchschnittlich 5,08 ccm gegen 3,18 ccm unterhalb und 2,46 ccm oberhalb Cassella. Am 12. Dezember 1911 betrug das Defizit 3,48 ccm gegen 3,28 im Profil D-E-F und 2,90 ccm im Profil A-B-C. Durch den Zufluß der Offenbacher Abwässer ist der Chlorgehalt des Mainwassers durchschnittlich um 9 mg gestiegen, die Menge der Schwebestoffe dagegen heruntergegangen, da der Aufstau durch das Offenbacher Wehr das Sedimentieren begünstigt. Der Gehalt des Wassersan Trockenrückstand belief sich nur auf 17 mg im Mittel mehr als unterhalb der Cassellaschen Fabrik. Dem geringen Gehalt an Schwebestoffen entsprechend wurden auch am 12. Dezember 1911 sehr viel weniger hohe Keimzahlen gefunden, als von vornherein zu erwarten war. Der durchschnittliche Zuwachs des Keimgehalts im Profil K-L-M gegenüber dem Profil D-E-F betrug nämlich nur rund 2600 Keime im Kubikzentimeter. Der Gehalt an Bacterium coli war nur auf der linken Stromseite vermehrt, ebenso die Menge der „thermophilen“ Keime.

Die Untersuchung des Schlammes aus dem Profil K-L-M auf Schwefelwasserstoffgehalt (Tabelle VII) ergab geringere Werte als im Profil D-E-F. Der Abfall war am größten auf der rechten Stromseite.

Was die äußere Beschaffenheit des Mainwassers anbelangt, so konnten, besonders gelegentlich der Untersuchung vom 12. Dezember, über Färbung und Pilztreiben einige Beobachtungen gemacht werden. Die Färbung des Mains war an diesem Tage oberhalb Cassella kaum merklich gelb, die Abwässer von Cassella entleerten sich mit braunroter Farbe in der Mitte des Mains und färbten und trübten das Wasser auf einige 100 Meter weit deutlich. Im Glase war die Rotfärbung sehr schwach; in einer längeren Röhre würde sie jedenfalls sehr deutlich gewesen sein. Überall im Maine, schon von oberhalb Cassella an, schwammen feine Flöckchen und Rasen von Sphaerotilus natans. Auch an Zweigen und Reisern hingen sie; zu wachsen schienen die Organismen in der Gegend von Offenbach nicht, doch ist dies nicht näher erforscht.

Auf Wunsch bekam der Berichterstatter von dem Stadtbauinspektor Sprengel am Tage darauf eine Flasche voll Wasser, die oberhalb Mühlheim geschöpft war, welche diese Flocken in exquisiter Entwicklung zeigte. Es dürfte keinem Zweifel unterliegen, daß diese sehr ekelhaften und eine wirkliche Verunreinigung des Mains darstellenden Massen durch die Abwässer aus den großen Zellulosefabriken bei Aschaffenburg hervorgerufen sind. Bekanntlich führt die Einleitung der dortigen Abwässer in den Main während der kühlen Jahreszeit zu sehr starker Entwicklung von Sphaerotilusrasen im ganzen Mainstrome. Daß der Sphaerotilus von Aschaffenburg stammt, ist nach der Mitteilung des Stadtbauinspektors Sprengel auch die allgemeine Ansicht der Mainschiffer. Im trockenen Zustand gewogen machen die Sphaerotilusrasen sehr wenig aus. Sie bedingen aber frisch, in ihrer schlüpferigen Beschaffenheit und in ihrem flockigen Aussehen eine wirklich unangenehme, zu beanstandende Verunreinigung des Mains.

Auch sonst läßt sich zeitweise bei Offenbach eine erhebliche Verunreinigung des Mainwassers durch Schwimmstoffe nachweisen. So wurden von dem Berichterstatter gelegentlich der Septemberuntersuchungen unmittelbar am linken Mainufer viel treibende Unratstoffe, wie Gemüseabfälle, ölige Massen, Papier- und Zeugfetzen usw. bemerkt, welche dem Wasser ein ekelerregendes Aussehen verliehen. Wahrscheinlich stammten sie aus einigen Offenbacher Kanälen.

In Anbetracht der früheren zahlreichen biologischen Untersuchungen wurde auf eine biologische Untersuchung des Mainwassers seitens des Berichterstatters verzichtet, erwähnt möge nur werden, daß auf etwa 100 m weit unterhalb der Einmündung des städtischen Grabens das normale Pflanzenleben am linken Ufer geschädigt war, während am rechten Ufer höhere Pflanzen, wie Schilf, Polygonum amphibium, Potamogetonarten usw. rege wucherten.

Der in den Akten häufig erwähnte, bald als hyazinthen-, bald als kressenartig bezeichnete Geruch fiel auch dem Berichterstatter bei seinen Untersuchungen, namentlich unterhalb der Cassellaschen Fabrik auf. Es scheinen aber hieran zum Teil gasförmige Abgänge aus der Fabrik schuld zu sein.

Das Ergebnis der vom Berichterstatter ausgeführten systematischen Untersuchungen läßt sich wie folgt zusammenfassen.

Was das fließende Wasser betrifft, so wird sein Gehalt an gelösten Salzen (Chlornatrium, Natriumsulfat usw.) hauptsächlich durch die Abwässer der Cassellaschen Fabrik erhöht, in geringerem Grade durch die Offenbacher Abwässer. Die Erhöhung des Sauerstoffverbrauchs durch beide Abwässer ist bemerkbar, aber nicht bedeutend, dagegen nimmt der Sauerstoffschwund (das Sauerstoffdefizit) im Mainwasser nach dem Offenbacher Wehre hin stetig zu, so daß dort, wenigstens zur warmen Jahreszeit nur wenig Reste von gelöstem Sauerstoff übrig bleiben. Die zunehmende und schließlich fast völlige Stauung des Mainwassers, verbunden mit der Wirkung der fäulnisfähigen städtischen Abwässer erklärt diese Tatsache zwanglos. Am auffallendsten ist der Umstand, daß die Schwebestoffe auf dem gleichen Wege nicht nur nicht zunehmen, sondern sogar abnehmen, desgleichen ist auffallend die kaum merkbare Erhöhung des Keimgehaltes des Wassers. Besonders gering ist der Zuwachs der Keime durch die Zuflüsse aus dem Schmutzwasserkanale von Offenbach. Die Keimzahl bei der Probeentnahmestelle H am Mainufer betrug nur etwa 34800 und bei J nur 15500. Auch die Keimzahl im Kanalwasser von Offenbach ist auffallend niedrig. Zur Zeit der Untersuchung fanden sich im Kubikzentimeter Abwasser 230000 Keime. An diesem verhältnismäßig geringen Keimgehalt haben wahrscheinlich die einfließenden Chemikalien schuld; die Temperatur des Abwassers (14° C) wäre eine vollkommen ausreichende gewesen zur Entwicklung großer Bakterienmengen.

Bei Prüfung des „Thermophilentiters" waren die Resultate oberhalb und unterhalb nach 48 Stunden ziemlich die gleichen. Einzelne Proben gaben mit 0,001 ccm, alle mit 0,01 ccm noch eine Trübung. Im Kanalwasser (Entnahmestelle G), das mituntersucht wurde, fiel noch die Probe mit 0,0001 ccm positiv aus. Die Proben H und J verhielten sich schon wieder wie das gewöhnliche Mainwasser.

Ein ähnliches Resultat ergab die Bestimmung des „Kolititers". Nach 48 Stunden hatten die Proben mit 1 ccm und $^1/_{10}$ ccm alle gegoren. Die Gärung war nicht überall gleich stark. Interessant ist, daß die Gärung oberhalb Cassella etwas intensiver war als beim Wehre. Das Kanalwasser (G) gab noch bei einer Verdünnung von 0,001 ccm ein positives Resultat, die Proben H und J noch bei einer Verdünnung von 0,01 ccm, ebenso die Randprobe M am Wehre, d. h., am linken Ufer unterhalb der Einmündung des städtischen Grabens ist der „Thermophilen"- und „Kolititer" auf eine längere Strecke hin erhöht.

Genauere Angaben über die Ausdehnung der im Maine abgelagerten Schlammmassen liegen nur für den Ausgang des Offenbacher Hafens und das linke Mainufer daselbst bis unterhalb der Einmündung des städtischen Abwässerkanals vor. Auf Anregung des Berichterstatters hat das Großherzogliche Wasserbauamt Mainz dahingehende besondere Untersuchungen angestellt, und zwar wurden topographische Aufnahmen der Schlammbank oberhalb des Offenbacher Wehres, namentlich am linken Mainufer am 26. Juli, 15. August, 18. September und 24.—25. November 1911 durch sachgemäße Peilungen vorgenommen. Danach war im Juli die Ablagerung von Schlamm an der Mündung des städtischen Grabens und des Hafens noch gering, nahm dann aber allmählich stark zu und erreichte im November im Hafen stellenweise eine Mächtigkeit von über $2^1/_2$ m. Die Bank erstreckt sich hauptsächlich am linken Mainufer entlang. Daß oberhalb des Offenbacher Wehres zeitweise größere Mengen von Schlamm zur Ablagerung kommen, haben die zahlreichen früheren Untersuchungen einwandsfrei und zur Genüge ergeben.

Die von dem Berichterstatter vorgenommene Prüfung der an verschiedenen Stellen (vergl. Tabelle VII) entnommenen Schlammproben auf ihren Gehalt an Schwefelwasserstoff zeigte, daß die Intensität der schwarzen Färbung des Schlammes ungefähr mit seinem Sulfidgehalt parallel geht. Es konnte ferner festgestellt werden, daß der oberhalb der Cassellaschen Fabrik abgelagerte Schlamm verhältnismäßig arm an Sulfiden ist, daß der Sulfidgehalt der unterhalb der Fabrik im Profil D-E-F entnommenen Schlammproben dagegen ein sehr hoher war, und daß der Sulfidgehalt der am Wehre entnommenen Schlammproben (Profil K-L-M) im Mittel nicht wesentlich höher ist als der oberhalb Cassella geschöpften. Der Schwefelwasserstoffgehalt des aus dem städtischen Kanale stammenden Schlammes (Entnahmestelle G) war von mittlerer Höhe, weiter unterhalb am linken Ufer (Entnahmestellen H und J) wurden dagegen recht beträchtliche Werte festgestellt. Offenbar entstehen die Sulfide erst bei längerem Lagern des Schlammes, soweit sie nicht unmittelbar durch die chemische Industrie vorgebildet in den Fluß gelangen. Der Kanalschlamm enthält ferner wechselnde Mengen von Sand. Hierdurch wird sein Gehalt an Sulfiden, auf das Kilogramm Schlamm berechnet, vermindert. Die großen Schwankungen des Schwefelwasserstoffgehalts der Schlammproben, welche die Analysen ergeben haben, müssen übrigens davor warnen, auf diese Untersuchungen einen allzu großen Wert zu legen.

Mit einigen Worten möge noch der an den Entnahmestellen G, H, J, Z, und Cas. entnommenen Proben gedacht werden.

Die Analysen von G, H, J geben ein anschauliches Bild, wie durch den Einfluß des Kanalwassers (G) das Wasser am Ufer bei H und J verschmutzt wird. Es zeigt sich eine mäßige Steigerung des Rückstandes um etwa 10—20 mg, eine entsprechende Steigerung des Glühverlustes und eine erhebliche Steigerung der organischen Substanz resp. des Sauerstoffverbrauchs von rund 22 auf 31,5 mg im Liter. Der Salzgehalt des Wassers wird nicht wesentlich beeinflußt. Nach der gründlichen Mischung des Kanalwassers mit dem Mainwasser beim Wehre (Probe M) ist kaum eine Wirkung des Kanalwassers mehr zu bemerken — nur der Sauerstoffverbrauch, gemessen durch Kaliumpermanganat, ist um etwa 2 mg im Liter, d. h. um etwa 10 % erhöht.

Die Extraproben mit der Bezeichnung Z, die auf dem rechten Ufer des Mains nicht sehr weit unterhalb des Cassellaschen Abwasserkanales geschöpft worden sind, ergeben nichts Neues. Sie zeigen ein etwas weniger verunreinigtes Wasser als der Durchschnitt der Proben des Profils D-E-F und lassen somit erkennen, daß Abwässer von Cassella in die rechte Seite des Stromes nicht in besonderen Mengen eingeleitet werden. Die Analysen sind als Kontrollbestimmungen und zur Widerlegung von in Offenbach oft gehörten Verdachtsäußerungen recht wertvoll. Das gleiche gilt von den mit Cas. bezeichneten Proben, die auf Wunsch des Bauamtes in der Strommitte 20 und 70 m unterhalb der Cassellaschen Fabrik geschöpft wurden, sie ergaben ein Wasser, das sogar reiner war als die Proben in dem Profil D-E-F. Die Probeentnahmestelle F wird man bei diesem Vergleich allerdings ausschließen dürfen, da das Mainwasser hier offenbar noch nicht unter dem Einfluß der Cassellaschen Abwässer steht. Trotzdem also der Einfluß der Offenbacher Abwässer, soweit es sich um gelöste Stoffe handelt, auf die Beschaffenheit des Mainwassers nach Ausweis der chemischen Analyse nur ein geringer ist (vielleicht abgesehen von dem Einfluß auf den Gehalt an gelöstem Sauerstoff) wird man im vorliegenden Falle vom hygienischen Standpunkt doch besonders vorsichtig in der Beurteilung der Verhältnisse sein müssen und danach trachten, weitere Verschmutzungen des Mainstroms möglichst zu vermeiden, namentlich was die suspendierten Stoffe anlangt.

Im nächsten Abschnitt ist die Bedeutung der suspendierten Stoffe noch besonders erörtert.

4. Die einzelnen für die Beurteilung der Verunreinigung des Maines bei Offenbach wichtigen industriellen Abwässer, ihre Menge und Beschaffenheit.

Die Abwässer der Sulfitzellstoffabriken in Stockstadt und Aschaffenburg stellen eine sehr erhebliche Quelle der Verunreinigung dar. Die beiden Fabriken stellen zusammen täglich etwa 80000 kg lufttrockene Zellulose her. Hierbei entstehen annähernd 600 cbm konzentriertester Kocherablaugen und sehr große Mengen von Waschwässern, welche noch Kocherlaugenbestandteile enthalten. Die Ablaugen enthalten etwa 10 % Trockensubstanz, d. h. es werden von den beiden genannten Fabriken täglich (bei Annahme eines spezifischen Gewichts der Kocherablaugen von rund 1,05) 63000 kg zersetzungsfähiger Stoffe dem Flusse überantwortet. Eine eingehende Beurteilung dieser Ablaugen vom chemischen Standpunkt aus findet sich in der Arbeit von Kerp und Wöhler[1]). Die Ablaugen enthalten freie und gebundene schweflige Säure, Adehyde und Zuckerarten. Die sogen. freie schweflige Säure ist in der Lauge wahrscheinlich in den verschiedensten Formen vorhanden, als Schwefeldioxyd, Sulfit- und Bisulfitverbindung, der übrige Schwefel ist organisch gebunden. Mit steigender Verdünnung der Lauge (im Flußwasser) nimmt der Betrag an unmittelbar mit Jodlösung titrierbarer (sogen. freier) schwefliger Säure zu. Die freie schweflige Säure wird im Flußwasser durch den Sauerstoff der Luft zu Schwefelsäure oxydiert, welche durch den im Flußwasser vorhandenen Kalk neutralisiert wird. Die großen Mengen organischer gelöster Stoffe (Zuckerarten usw.) werden, wenn eine gewisse Verdünnung erreicht ist, in der kälteren Jahreszeit zum großen Teile in lebende Pilzsubstanz, gegewöhnlich in Sphaerotilus natans, umgewandelt, der Rest verfällt einer anscheinend langsamen Oxydation. Es unterliegt, wie schon erwähnt, wohl keinem Zweifel, daß der schon oberhalb der Cassellaschen Fabrik im Mainwasser gefundene hohe Sauerstoffverbrauch und der verhältnismäßig niedrige Gehalt des Wassers an gelöstem Sauerstoff durch die im Flußwasser vorhandenen organischen Substanzen der Kocherablaugen bedingt sind. Den Gesamtschwefelgehalt der Lauge fand Seidel zu 1,123 %, wovon 1,047 % als organisch gebunden angenommen werden. Über das Schicksal dieses Schwefels im Flußwasser ist nichts sicheres bekannt, wahrscheinlich rührt ein Teil des im Flußschlamm gefundenen Schwefels (s. o.) aus den Sulfitzellstoffabrikablaugen her.

Der Sphaerotilus natans ist ein hinfälliger Organismus. Er stirbt leicht ab, treibt im Flusse, geht an Stellen mit geringerer Strömung zu Boden und bildet hier mit anderen Sinkstoffen Schlammbänke von eigentümlich schleimiger Beschaffenheit. Die in den Akten oft erwähnte Schlammbank gegenüber Bürgel besteht augenscheinlich vorwiegend aus solchen abgestorbenen faulenden Sphaerotilusmassen.

Über die Abwässer des Farbwerkes Mühlheim, vorm. A. Leonhardt & Co., verlautet in den Akten wenig. Die Fabrik soll täglich nur etwa 1000 cbm Abwasser produzieren. Allerdings sind die Angaben des Chemischen Untersuchungsamtes der Provinz Rheinhessen in dem Berichte vom 18. Dezember 1910 für die Fabrik be-

[1]) Zur Kenntnis der gebundenen schwefligen Säuren. V. Abhandlung. Über Sulfitzellulose-Ablaugen pp. Arb. aus dem Kaiserl. Gesundheitsamte, 32. Bd., S. 120 (Berlin 1909, Julius Springer).

lastend. Die Qualität der Abwässer ließ danach sehr viel zu wünschen übrig, wenn eine Beeinflussung des Mainwassers auch nicht festgestellt werden konnte. Die Abwasserproben reagierten meist stark sauer, der Trockenrückstand war sehr hoch, desgleichen der Chlorgehalt. „Es wird", so heißt es in dem Bericht, „Aufgabe zukünftiger Arbeiten sein, zu erfahren, wie weit jene sauren und stark salzhaltigen Wässer den Fluß zu verunreinigen vermögen". Die sonstigen Eigenschaften des Abwassers (Farbe, Geruch usw.) waren wenig auffallend.

Die Abwässer der weiter stromab bei Mainkur oberhalb Fechenheim gelegenen chemischen Fabrik von Leopold Cassella & Co. haben dagegen die öffentliche Meinung viel stärker beschäftigt, vermutlich weil sie, entgegen den Mühlheimer Abwässern, durch ihre Farbe häufig unangenehm auffallen. Auch ihre Menge ist größer.

Nach Angaben, welche einem im Auftrag der Fabrik erstatteten Gutachten der Königlich Preußischen Versuchs- und Prüfungsanstalt für Wasserversorgung pp. vom 24. Dezember 1909 entnommen sind, soll die täglich durchschnittlich anfallende Menge unverdünnten Abwassers etwa 1300 cbm betragen, wozu noch 11000 cbm sonstige Abwässer (Kühl- und Kondenswässer) hinzutreten. Der Gehalt des eigentlichen Abwassers an zum Aussalzen der Farbstoffe benutzten Kochsalz und Glaubersalz soll zwischen 7 und 10 % betragen. Die eigentlichen Abwässer werden von den harmlosen Abwässern getrennt gehalten und, nachdem sie in Becken von zusammen 4000 cbm Fassungsraum neutralisiert und mit Kalkmilch und Eisensalzen (zwecks Entfärbung usw.) behandelt worden sind, auch getrennt abgeleitet.

Es möge dies besonders betont werden, um im Hinblick auf die Verhältnisse in der Oehlerschen Fabrik in Offenbach zu zeigen, daß eine solche Trennung der Abwässer unter Umständen möglich ist.

Seitens des Mainwasser-Untersuchungsamtes der Königlichen Regierung zu Wiesbaden werden seit geraumer Zeit Abwasserproben aus den Kontrollschächten der Fabrik geschöpft und untersucht.

Berechnet man das Mittel aus einer größeren Reihe der Untersuchungsergebnisse von Abwasserproben, welche aus dem Hauptkontrollschacht Nr. 17 der Fabrik in der Zeit vom 17. August 1909 bis zum 16. September 1911 geschöpft worden sind (es sind 31 Proben), so ergeben sich folgende Mittelwerte:

In einem Liter Abwasser waren durchschnittlich in abgerundeten Zahlen enthalten: 1700 mg suspendierte Stoffe, 15000 mg Abdampfrückstand und 7200 mg Chlor. Der Sauerstoffverbrauch von einem Liter Abwasser belief sich auf durchschnittlich 500 mg. Hieraus läßt sich theoretisch die durch die Cassellaschen Abwässer etwa zu erwartende Mainverunreinigung im voraus berechnen.

Angenommen, der Main führe bei niedrigstem Niederwasser 40 sek/cbm Wasser, und die Zusammensetzung des Mainwassers oberhalb Cassella entspräche den Durchschnittszahlen aus den Analysen des Berichterstatters (vergl. Übersichtstabelle in Kapitel 3), nämlich:

16 mg Schwebestoffe im Liter,
370 „ Abdampfrückstand im Liter,
27 „ Chlor im Liter und
20 „ Sauerstoffverbrauch für das Liter,

so müßten, bei gleichmäßiger Verteilung von 1300 cbm Abwasser über den ganzen Tag, auf eine Sekunde 15 Liter Abwasser entfallen, d. h. es würde enthalten die gleichmäßige Mischung von Abwasser und Mainwasser im Liter an Schwebestoffen: 16,6 mg, an Abdampfrückstand 376 mg, an Chlor 29,68 und der Sauerstoffverbrauch würde betragen 20,2 mg.

Der Zuwachs würde sich also für jeden Liter Mainwasser stellen auf:

0,6 mg Schwebestoffe,
6,5 „ Abdampfrückstand,
2,7 „ Chlor und
0,2 „ Sauerstoffverbrauch.

Die Untersuchungen des Berichterstatters ergaben dagegen im Mittel einen Zuwachs von:

1,5 mg Schwebestoffen,
49,5 „ Abdampfrückstand,
21,3 „ Chlor und
1,6 „ Sauerstoffverbrauch im Liter.

Abgesehen von den Schwebestoffen sind also die durch Analyse gefundenen Zahlen 8—9mal so groß als die errechneten.

Der Grund dafür kann einerseits darin liegen, daß die Ableitung der Abwässer nicht ganz gleichmäßig erfolgt und bei den Probeentnahmen gerade die abwasserreicheren Zeiten gefaßt worden sind, andererseits in nicht zutreffenden Angaben der Fabrik über ihre Abwassermengen.

Daß nur 2,5mal so viel Schwebestoffe gefunden worden sind, als die Rechnung ergab (gegenüber dem 8—9fachen bei den gelösten Bestandteilen), spricht für einen raschen Sedimentationsvorgang auch schon zwischen den Profilen A-B-C und D-E-F.

Von den Abwässern, welche die Stadt Offenbach-Bürgel liefert, interessieren zunächst die wichtigsten industriellen Abwässer, es sind dies die Abwässer

1. der Deutsch-Amerikanischen Lederwerke, Becker & Co.,
2. der chemischen Fabrik Griesheim-Elektron (Werk Oehler),
3. der Unionlederwerke, vorm. Philippi,
4. der Lederwerke, vorm. Th. Jac. Spicharz,
5. der Lederfabrik G. Mayer und Sohn und
6. der Lederfabrik J. Feistmann und Söhne.

Die unter 1 und 2 genannten Fabriken leiten ihre Abwässer unmittelbar in den Main, die unter 3 genannte durch den sogen. Kuhmühlenbach mittelbar und die unter 4—6 genannten leiten durch städtische Kanäle ab, die im Zuge der Gerber- und Karlstraße in den Main münden. Es seien bei dieser Gelegenheit auch die übrigen hauptsächlichen derzeitigen Offenbacher Kanalauslässe genannt.

Ein wenig westlich von dem Kanal der Karlstraße mündet der Schnegelbachkanal, welcher außer städtischen Abwässern auch die Schlachthofabwässer bringt, ferner finden sich Auslässe bei der Schloßstraße und oberhalb der nach Fechenheim führenden Mainbrücke. Letzterer Auslaß führt neben städtischen Abwässern auch

Abwässer von Metall- und Seifenfabriken. Dann folgt westwärts als Hauptauslaß für die städtischen Abwässer der bereits oft genannte sogen. „städtische Graben“.

Jenseits der Offenbacher Schleuse mündet der die Abwässer der Lederleimfabriken von Jörg und König und Steinhäuser und Petri führende Grenzgraben.

Die Abwassermengen der unter 1 und 3—6 genannten Industrien hat der Verfasser des neuen Offenbacher Kanalisationsprojektes Dr. Ing. Heyd wie folgt veranschlagt:

Die Annahmen differieren bisweilen sehr erheblich von den Abwassermengen, welche in den Akten angegeben und welche zum Vergleich in nachstehender Tabelle eingeklammert in die letzte Längsspalte eingesetzt sind.

Nr.	Name der Fabrik	Von Dr. Heyd angegebene Abwassermenge in sek./Liter	Daraus berechnete tägliche Menge in cbm	In den Konzessionen angegebene Menge in cbm
1	Deutsch-Amerikanische Lederwerke, Becker & Co.	50	4320	(1200)
3	Unionlederwerke, vorm. Philippi	20	1728	(100)
4	Lederwerke, vorm. Th. Jac. Spicharz	10	864	(350)
5	Lederfabrik G. Mayer & Sohn	70	6048	(6000)
6	Lederfabrik J. Feistmann & Söhne	25	2160	(1350)

Die Abwassermenge des Werkes Oehler (Nr. 2 der Zusammenstellung) wird in den Akten zu 6000 cbm täglich angegeben. Bei dem Besuche, welchen die Berichterstatter am 8. März 1912 der Fabrik machten, wurde ihnen aber eine bedeutend höhere Zahl genannt, nämlich 12000 cbm täglich. Wie viel von dieser Menge eigentliches Abwasser ist, und wie viel Kühl- und Kondenswasser, konnte nicht in Erfahrung gebracht werden.

Nach dem Projekt des Dr. Ing. Heyd soll die Oehlersche Fabrik neben anderen Gründen auch wegen ihrer großen Abwassermengen nicht an die Offenbacher Kanalisation Anschluß erhalten. Auf diese Frage wird an anderer Stelle im Gutachten noch zurückzukommen sein.

Was die Fabrikationsweise anlangt, so möge bemerkt werden, daß die unter 5 und 6 genannten Lederfabriken Chromgerberei, die anderen Lohgerberei betreiben. Das Oehlersche Werk stellte früher hauptsächlich Anilinsalze dar, doch soll neuerdings die Fabrikation andere Wege eingeschlagen haben. Über die ungefähre Zusammensetzung der Abwässer von 5 der genannten Großindustrien unterrichten einige vom Chemischen Untersuchungsamt der Provinz Rheinhessen ausgeführte Analysen[1]).

1. Im Mittel von sieben Untersuchungen hatte das Abwasser aus dem Kontrollschacht der Lederwerke Becker & Co. folgende Zusammensetzung:

Suspend. Stoffe	967 mg/L,
Trockenrückstand . . .	3334 „
Chlor	481 „
Sauerstoffverbrauch . . .	155 „

[1]) Die Nummern entsprechen denen der vorstehenden Übersicht.

Die Abwässer reagierten deutlich alkalisch und zersetzten sich faulig.

2. Aus dem Kontrollschacht der chemischen Fabrik Elektron, vorm. Oehler, wurde Abwasser von folgender mittleren Zusammensetzung (6 bezw. 7 Proben) geschöpft:

Trockenrückstand . . .	1775 mg/L,
Chlor	408 „
Sauerstoffverbrauch . . .	144 „

Die Abwässer waren meist stark sauer, obgleich die Proben nicht aus dem eigentlichen Säureablauf geschöpft waren. Die Menge der suspendierten Stoffe war gering, ein Nachfaulen der Abwässer wurde nicht beobachtet.

3. Das Abwasser aus dem Kontrollschacht der Lederwerke von Spicharz enthielt im Mittel von 3 Proben:

Suspend. Stoffe	1411 mg/L,
Trockenrückstand	2232 „
Chlor	521 „
der Sauerstoffverbrauch betrug . . .	545 „

Die Abwässer waren alkalisch und entwickelten Schwefelwasserstoff.

4. 3 Analysen von Abwasserproben aus dem Kontrollschacht der Lederwerke J. Mayer und Sohn ergaben im Mittel:

Suspend. Stoffe	1119 mg/L,
Trockenrückstand . . .	2203 „
Chlor	181 „
Sauerstoffverbrauch . . .	373 „

Die Abwässer waren ziemlich stark alkalisch und faulten zum Teil.

5. Schließlich ergaben 3 Analysen von Abwasserproben aus dem Kontrollschacht der Lederwerke J. Feistmann und Söhne im Mittel:

Suspend. Stoffe	786 mg/l,
Trockenrückstand . . .	2035 „
Chlor	212 „ und
Sauerstoffverbrauch . . .	309 „

Die Abwässer waren alkalisch und faulten zum Teil.

Verglichen mit den Abwässern der Fabrik von Leopold Cassella & Co. ist die Konzentration aller untersuchten Abwässer der Offenbach-Bürgeler Fabriken gering. Die unsicheren Angaben über die Abwassermengen dieser Industrien und die beschränkte Anzahl der ausführbar gewesenen Untersuchungen lassen nicht ratsam erscheinen, eine annähernde Berechnung der aus den Offenbacher Fabriken herrührenden Verunreinigungen zu versuchen.

Das im „städtischen Graben“ zum Abfluß gelangende Abwasser stellt z. Z. die Hauptmenge des städtischen Abwassers dar, doch ist ihm auch Industrieabwasser aus einigen kleineren Fabrikationsbetrieben beigemischt.

Analysen dieses Abwassers sind ausgeführt worden

1. vom Chem. Untersuchungsamte Dr. Uhl-Offenbach,
2. vom Chem. Untersuchungsamte der Provinz Rheinhessen,
3. vom Berichterstatter.

Vollständige Analysen von Kanalwasserproben aus dem Laboratorium des Dr. Uhl lagen den Berichterstattern vor für die Zeit vom 7.—10. September, 2.—4. Oktober und 1.—3. November 1911.

An diesen Tagen sind auch lückenlos die Abwassermengen im städtischen Graben fortlaufend registriert worden. Die Analysen wurden an Mischproben ausgeführt, deren Einzelproben innerhalb 24 Stunden entnommen waren. In die folgende Tabelle sind die aus den graphischen Aufzeichnungen des Registrierapparats berechneten durchschnittlichen sekundlichen Abwassermengen während der Entnahmezeit mit aufgenommen.

Zeit der Probeentnahme (Mischproben)	Durchschnittliche sekundl. Abwassermenge während dieser Zeit Liter	1 Liter der Mischprobe enthält mg[1])		1 Liter verbraucht zur Oxydation Sauerstoff mg
		Abdampfrückstand	Chlor	
7./8. September 1911, von nachmittags 1 Uhr bis mittags 12 Uhr	202	866	201	56
8./9. September 1911, von nachmittags 1 Uhr bis mittags 12 Uhr	208	826	176	54
9./10. September 1911, von nachmittags 1 Uhr bis mittags 12 Uhr	161 [2])	726	142	51
2./3. Oktober 1911, von vormittags 9 Uhr bis morgens 8 Uhr	—	601	102	39
3./4. Oktober 1911, von vormittags 9 Uhr bis morgens 8 Uhr	268 [3])	783	164	62
4./5. Oktoker 1911, von vormittags 9 Uhr bis morgens 8 Uhr	295	824	173	75
1./2. November 1911, von mittags 12 Uhr bis vormittags 11 Uhr	253	696	154	42
2./3. November 1911, von mittags 12 Uhr bis vormittags 11 Uhr	254	798	200	47
3./4. November 1911, von mittags 12 Uhr bis vormittags 11 Uhr	—	691	158	47
Mittel (unter Ausschluß der Proben vom 2./3. Oktober und 3./4. November 1911	234	788	173	55

Die von dem Berichterstatter ausgeführten Analysen des Abwassers aus dem städtischen Graben ergeben ähnliche Mittelzahlen (vgl. Proben G in der Übersichtstabelle des Kapitels 3), nämlich 710 mg Abdampfrückstand, 149 mg Chlor und 78 mg Sauerstoffverbrauch im Liter. Die Menge der Schwebestoffe betrug im Mittel 204 mg im Liter.

Nimmt man die oberhalb Bürgel im Profil D-E-F gefundene Mainwasserbeschaffenheit als Grundlage an (vgl. die Übersichtstabelle in Kapitel 3) und berechnet aus den Analysenwerten des Dr. Uhl und des Berichterstatters sowie der durchschnittlichen Abwassermenge den bei gleichmäßigem Abfluß des Abwassers und bei gleichmäßiger

[1]) Suspendierte Stoffe sind nicht bestimmt worden.

[2]) Sonnabend bis Sonntag.

[3]) Aufzeichnung von 1 Stunde fehlt, ist entsprechend ergänzt.

Verteilung über die ganze Strombreite theoretisch zu erwartenden Zuwachs des Mainwassers an gelösten und ungelösten Stoffen durch die Abwässer der Stadt Offenbach, so ergeben sich, wenn wir mit einer niedrigsten Wasserführung des Maines von 40 sek./cbm, mit 234 sek./Liter Abwasser und mit einem Gehalte des Abwassers von 204 mg Schwebestoffen, 788 mg Abdampfrückstand, 173 mg Chlor und einem Sauerstoffverbrauch von 55 mg im Liter rechnen, folgende Zahlen: 19,08 mg Schwebestoffe, 422 mg Trockenrückstand, 48,7 mg Chlor 21,9 mg Sauerstoffverbrauch.

Der zu erwartende Zuwachs ist also auch hier sehr gering, er beträgt für das Liter Mainwasser:

an suspendierten Stoffen	1,08 mg,
an Trockenrückstand	2,0 „ ,
an Chlor	0,7 „ ,
und an Sauerstoffverbrauch	0,2 „ .

Mit diesen Zahlen stimmen die Ergebnisse der Untersuchungen des Berichterstatters auf den ersten Blick wenig überein. Er fand nämlich im Mittel

	Susp. Stoffe mg im Liter	Trockenrückstand mg im Liter	Chlor mg im Liter	Sauerstoffverbrauch mg im Liter
Im Profil D-E-F	18	420	48	21,7
Im Profil K-L-M	14,4	437	57	22,5
Also Zuwachs mg/Liter . .	— 3,6	+ 17	+ 9	+ 0,8

Ähnlich, wie bei der Berechnung des Einflusses der Cassellaschen Abwässer gefunden wurde, betragen auch hier die durch Analyse ermittelten Werte beim Trockenrückstand und beim Chlor das 9—13 fache, und beim Sauerstoffverbrauche das 4 fache des berechneten. Die Gründe für die Differenz dürften z. T. die gleichen sein, wie oben angegeben. Außerdem sind bei der Untersuchung sämtliche reichlichen industriellen Abwässer Offenbachs mit gefaßt worden (darunter die der großen Oehlerschen chemischen Fabrik), bei der Berechnung nur diejenigen, welche ihren Abfluß nach dem städtischen Graben hin hatten. Das wichtigste Ergebnis des Vergleichs zwischen analytisch gefundenen und berechneten Werten enthalten jedenfalls die Zahlen für die suspendierten Stoffe. Nach der Berechnung müßten im Profil K-L-M, verglichen mit dem Mainwasser aus dem Profil D-E-F, im Liter Mainwasser mindestens mehr sich finden: 1,08 mg Schwebestoffe. Dem entgegengesetzt finden sich aber tatsächlich (d. h. nach der Analyse) 3,6 mg Schwebestoffe weniger, das sind zusammen 4,68 mg. Diese Zahl ist wahrscheinlich noch zu niedrig, da bei der Berechnung die suspendierten Stoffe eines großen Teils der industriellen Abwässer ausgefallen sind. Nicht berücksichtigt sind dabei auch die in den jetzigen unzulänglichen Kanälen sich ablagernden Schlammassen, welche bei starken Regenfällen erst herausgespült werden. Aber selbst, wenn die erwähnte Zahl richtig und nicht zu niedrig wäre, würde sie schon bedeuten, daß theoretisch oberhalb des Offenbacher Wehres lediglich aus den städtischen Abwässern Offenbachs sich sekundlich 40 000 • 4,68 mg = 187 g, das sind täglich 16157 kg Schlamm als Trockensubstanz ablagern müßten. Auf wasserhaltigen Schlamm (mit 80% Wassergehalt) umgerechnet, ergäbe das die ungeheure Menge von täglich 80786 kg Schlamm!

Dieser Schlamm wird allerdings nicht, der theoretischen Berechnung entsprechend, völlig zur Ablagerung kommen, sondern die Strömung an den Nadeln des Wehres, das Aufwirbeln des Schlammes durch die Schiffsschrauben usw. wird dafür sorgen, daß ein großer Teil der leichteren Massen mit dem Strome abtreibt. Immerhin läßt die Berechnung auf jeden Fall erkennen, daß oberhalb des Offenbacher Wehres allein schon durch die Abwässer aus dem städtischen Graben in Offenbach gewaltige Schlammengen zur Ablagerung kommen müssen. Zu diesen präformierten, schlammbildenden Schwebestoffen kommen dann noch die suspendierten Stoffe der industriellen Abwässer und die erst nachträglich beim Zusammentreffen von städtischen mit industriellen Abwässern entstehenden schlammbildenden Ausfällungen.

Alle diese Betrachtungen weisen mit voller Deutlichkeit darauf hin, daß die Mainverunreinigung durch die Offenbacher (und andere) Abwässer nur gelöst werden kann durch eine Lösung der „Schlammfrage".

Der Umstand, daß, wie erwähnt, die Abwässer der Oehlerschen Fabrik nach dem Heydschen Projekt in die Kanalisatiou nicht mit aufgenommen werden sollen, läßt es geboten erscheinen, kurz auf die Konzessionsbedingungen für diese Fabrik einzugehen.

Nach einer Mitteilung des Großherzoglich Hessischen Ministeriums des Innern an das Gesundheitsamt vom 15. Mai 1912 haben in letzter Zeit die auf die Abwässer des „Werkes Oehler" bezüglichen Konzessionsbedingungen stets folgenden Wortlaut erhalten:

„Sämtliche in dem Betrieb entstehenden Abwässer sind in wasserdicht gemauerten Gruben und Leitungen aufzufangen bezw. weiter zu befördern. Keinesfalls dürfen Abwässer in den Boden eindringen. Sink- und Schwebestoffe sind auf geeignete Weise vom Main fern zu halten. Die Abwässer sind im übrigen, bevor sie den sonstigen Abwässern der Fabrik und dem Main zugeführt werden, so weit zu reinigen, zu verdünnen und zu neutralisieren, daß sie höchstens 0,5 g Chlorkalzium (bei Bau Y. 4. noch eingefügt: 1 g schwefelsauren Kalk und 0,5 g Kochsalz) im Liter und insgesamt nicht mehr als 5% suspendierte und gelöste Substanzen enthalten."

Diese Konzessionsbedingungen treffen also nur Bestimmungen hinsichtlich der Qualität und Konzentration der Abwässer, lassen aber die wichtige Frage der Abwassermengen offen. Aus diesem Grunde ist es schwierig, eine endgültige Stellung zu der Frage zu nehmen, ob die Aufnahme der Oehlerschen Abwässer in die Offenbacher Kanalisation ihrer Menge wegen zu empfehlen ist. Immerhin kann die Aufnahme aus später erwähnten Gründen als sehr erwünscht bezeichnet werden.

5. Die Beurteilung des Mainwassers in seiner jetzigen Beschaffenheit als Gebrauchswasser.

Wie aus der oben (vgl. S. 232) erwähnten Petition an den Reichstag zu ersehen ist, machen sich die Verunreinigungen des Mainstroms oberhalb Frankfurts, sowie innerhalb und unterhalb dieser Stadt hauptsächlich dadurch unangenehm bemerkbar, daß das Wasser des Maines als Badewasser und als Fischwasser nicht zu benutzen ist. Das Mainwasser entwickelt spezifische lästige Gerüche, es zeigt abnorme Verfärbungen, es führt viel Schlamm mit sich und größere Mengen von Keimen. Der Schlamm lagert sich ab und gerät im Sommer bei geringer Wasserführung in Fäulnis, am Ufer und an im Strome befindlichen festen Gegenständen setzen sich schleimige Pilzvegetationen an, die ebenfalls unter Fäulnisgeruch zerfallen.

Die in dem Maine lebenden Fische sollen den Geruch des Mainwassers annehmen und dadurch wertlos werden. Die Rheinfische meiden angeblich den verschmutzten Mainwasserstrom. Die Laichplätze der Fische werden nach Aussage der Fischer im Maine zerstört und Fischsterben sind beobachtet.

Da die Zahlen der chemischen Analyse und der bakteriologischen Untersuchung Werte sind, welche nur beim Vergleiche mit den Untersuchungsbefunden an anderen Flüssen in ihrer Bedeutung verständlich werden, so ist in der folgenden Tabelle (auf S. 257) aus Untersuchungsergebnissen, welche den Berichterstattern zur Verfügung standen, die durchschnittliche Beschaffenheit des Wassers des Rheines, der Oder, der Spree und der Elbe abgeleitet worden. Selbst wenn man zugibt, daß die aufgezählten Untersuchungsergebnisse, teils weil sie nur auf wenigen Untersuchungen fußen, teils weil sie von verschiedenen Untersuchern nach vermutlich nicht ganz übereinstimmenden Methoden gewonnen wurden, nicht streng miteinander vergleichbar sind, so erscheinen die Unterschiede in der Zusammensetzung doch groß genug, um diese Bedenken zurücktreten zu lassen.

Die vier zum Vergleiche herangezogenen Flüsse werden alle zu Badezwecken benützt, die Oder und die Elbe auch zur Wasserversorgung (Filterwerke in Breslau und Hamburg-Altona). Die Fischerei wird sowohl im Rheine wie in der Oder und Elbe erfolgreich betrieben, im beschränkten Maße auch in der Spree. Die Spree innerhalb Berlins ist zwar kein reiner Fluß, immerhin gibt die Beschaffenheit seines Wassers gewöhnlich zu besonderen Bedenken keine Veranlassung. Vergleicht man die Zahlen der Tabelle untereinander, so ist folgendes leicht festzustellen.

Das Mainwasser oberhalb Frankfurts unterscheidet sich von den übrigen zum Vergleiche herangezogenen Flußwässern in erster Linie durch den Mangel an gelöstem Sauerstoff und den hohen Sauerstoffverbrauch zur Oxydation der im Wasser befindlichen oxydierbaren Substanzen. Der Gehalt an gelöstem Sauerstoff ist so gering, daß er der von König und Hünnemeier[1]) und von Kupzis[2]) angenommenen Grenze von etwa 1 ccm = 1,43 mg im Liter, bei welcher sich Sauerstoffmangel bei den Fischen einstellt, sehr nahe kommt. Da die in der Tabelle angeführte Zahl für den Gehalt an gelöstem Sauerstoff einen Durchschnittswert darstellt, so ist sie häufig auch unterschritten worden.

Ein Wasser, dessen Gehalt an gelöstem Sauerstoffe sich dem Nullpunkt nähert, neigt, falls fäulnisfähige Stoffe in ihm enthalten sind, zu fauliger (anaerober) Zersetzung.

---

[1]) Zeitschr. f. Untersuch. d. Nahrungs- u. Genußmittel 1901, S. 385.

[2]) Ebenda S. 631.

Vergleichsweise Zusammenstellung der Beschaffenheit einiger Flußwässer (in abgerundeten Mittelzahlen).

Name des untersuchten Flusses und Stelle der Untersuchung	1 Liter des untersuchten Wassers enthält Milligramm					1 Liter Wasser verbraucht zur Oxydation mg Sauerstoff	Das Wasser hat eine Gesamthärte von Deutschen Graden	Aus 1 ccm Wasser entwickelten sich Bakterien-Kolonien
	Suspendierte Stoffe	Trockenrückstand (gelöste Stoffe)	Hiervon verbrennlich	Chlor	Gelösten Sauerstoff			
Main innerhalb von Würzburg[1])	14	338	52	14	10	2,3	—	5000
Main oberhalb von Frankfurt[2])	14	437	167	57	2	22,5	15	9000[7]) und 17000[8])
Rhein bei Cöln bezw. Coblenz[3])	44	225	34	17	11	5,5	—	10000 bis 121000
Oder bei Breslau[4])	—	174	29	22	—	5,0	6	—
Spree innerhalb Berlins[5])	—	—	—	37	6	9,0	8	6000 bis 35000
Elbe bei Hamburg[6])	7	540	113	168	10	7,4	15	1300[9])

Daß solche fäulnisfähigen Stoffe ziemlich reichlich vorhanden sind, dafür spricht der sehr hohe Sauerstoffverbrauch von durchschnittlich 22,5 mg Sauerstoff im Liter, während er sich in den anderen Flüssen nur zwischen 2,3 und 9,0 mg bewegt. Es mag zugegeben werden, daß der Sauerstoffverbrauch (ebenso wie der geringe Gehalt an gelöstem Sauerstoffe) wahrscheinlich nicht nur auf oxydierbare organische Abfallstoffe zurückzuführen ist, sondern auch auf bestimmte chemische, in den industriellen Abwässern enthaltene reduzierende Stoffe (z. B. Eisenoxydulsalze, abgespaltene schweflige Säure usw.), aber organische Abfallstoffe spielen jedenfalls hierbei eine nicht unerhebliche Rolle.

[1]) Untersuchungen von Breidenbach. Würzburg 1908 (C. Kabitzsch) Mittelzahlen aus den „am Holztor" entnommenen 6 Proben.

[2]) Untersuchungen des Berichterstatters, niedergelegt im vorliegenden Gutachten.

[3]) Untersuchungen bei Cöln von Steuernagel und Große-Bohle, Mitteilungen aus der Königl. Versuchs- und Prüfungsanstalt für Wasserversorgung, Heft 8 (1907), bei Coblenz (Bakterienzahlen) aus den Ergebnissen der systematischen Rheinuntersuchungen (noch nicht veröffentlicht).

[4]) Untersuchungen aus dem Jahre 1901/02 Breslauer Statistik, 22. Bd., III, S. 236.

[5]) Untersuchungen der Königl. Versuchs- und Prüfungsanstalt für Wasserversorgung im Mai 1904 (als Manuskript gedruckt).

[6]) Untersuchungen von Kolkwitz und Ehrlich. Mitteilungen aus der Königl. Versuchs- und Prüfungsanstalt für Wasserversorgung, Heft 9 (1907). Mittelzahlen aus 5, bezw. 4 Proben, in der Nähe des Hamburger Wasserwerks geschöpft.

[7]) Untersuchungen des Berichterstatters.

[8]) Untersuchungen des Mainuntersuchungsamts.

[9]) Nur eine Untersuchung.

Niedriger als man erwarten sollte, sind die bei Offenbach im Maine gefundenen Bakterienzahlen, wie schon in Kapitel 3 erwähnt. Es dürfte sich diese Tatsache so erklären, daß erstens manche Abwässer aus der chemischen Großindustrie bakterienvernichtend wirken, ein Umstand, der vom allgemeinen biologischen Standpunkt aus nicht etwa erfreulich, sondern bedauerlich wäre, weil hierdurch die natürlichen Prozesse der Selbstreinigung gestört werden würden. Zweitens aber wird eine große Masse von Bakterien mechanisch mit den oberhalb der Wehre sich absetzenden Schwebestoffen zweifellos mit niedergerissen. Es ist für die zurzeit im Main bei Offenbach bestehenden Verhältnisse ungemein charakteristisch, daß der durchschnittliche Gehalt an Schwebestoffen oberhalb Frankfurts nicht größer ist als innerhalb Würzburg, obgleich doch dem Maine auf der zwischen beiden Städten gelegenen Strecke gewaltige Mengen von Schwebestoffen zugehen. Sie kommen eben großenteils auf der Flußsohle zur Ablagerung und bilden hier die Hauptkalamität der Mainverunreinigung, den Schlamm.

Die festgestellte Vermehrung der übrigen Stoffe des Flußwassers ist hygienisch minder bedeutungsvoll. Ob ein Flußwasser 338 mg gelöste Bestandteile im Liter hat oder 437 mg, ob der Chlorgehalt 14 mg oder 57 mg im Liter beträgt, ist ohne erheblichen Einfluß auf die Benutzbarkeit des Wassers. Sehen wir doch, daß die Elbe an der Stelle, an welcher Hamburg ihr einen Teil seines Trinkwassers entnimmt, weit höhere Zahlen für diese Werte aufweist!

Will man die Beschaffenheit des Mainwassers oder, besser gesagt, des Mainstroms einschließlich seines Flußbetts heben, so muß dafür gesorgt werden:

1. Daß der Gehalt an gelöstem Sauerstoffe nicht so tief sinkt, wie es zurzeit beobachtet wird,

2. daß die Menge der oxydierbaren gelösten Stoffe abnimmt und

3. daß die starke Ablagerung von Schwebestoffen auf dem Flußboden (Schlammbildung) vermieden wird.

Was die äußeren Eigenschaften des Wassers anlangt, so werden die im Maine Badenden hauptsächlich durch die Farbe und den Geruch des Mainwassers unangenehm berührt.

Die Färbung des Mainwassers, welche, wie erwähnt, von den Berichterstattern selbst mehrfach beobachtet werden konnte, ist meist eine gelbrote bis braunrote und macht sich gewöhnlich von Mühlheim und Fechenheim ab bemerkbar. Innerhalb der Stadt Offenbach selbst wurden braunrote Färbungen des Mainwassers durch Lohbrühen unterhalb des Ausflusses der nach dem Lohgerbereiverfahren arbeitenden Lederwerke bemerkt, ferner wurden gelegentlich grüne Farbstoffwolken bemerkt, welche aus einem Kanal oberhalb der Brücke nach Fechenheim drangen.

Nach den Berichten sollen die Färbungen des Mainwassers innerhalb Frankfurt bisweilen recht intensiv sein. Sie haben wohl hauptsächlich zur Einrichtung besonderer Quellwasserduschen in den Badeanstalten geführt, mittels welcher man sich nach dem Bade im Maine „reinigt“.

Diese Färbungen sind mehr vom ästhetischen als vom hygienischen Standpunkte aus zu verwerfen, vom hygienischen Standpunkt aus eigentlich nur in sofern, als sie die Bevölkerung vom Gebrauche der Flußbäder abzuhalten geeignet sind. Man muß bedenken, daß viele der in den Abwässern der Farbwerke enthaltenen Farbstoffe eine so intensive Färbekraft besitzen, daß schon weit weniger als 1 mg Farbstoff im Liter Wasser genügt, um eine deutliche Färbung hervorzurufen, namentlich bei Betrachtung des Wassers in dicker Schicht! Gesundheitsschädlich im eigentlichen Sinne können solche Beimengungen nicht wirken, selbst wenn beim Baden oder Schwimmen gelegentlich etwas von dem Wasser verschluckt wird. Es ist aber natürlich, daß diese Farbstoffbeimischungen, weil für jedermann als fremdartige Stoffe leicht erkennbar, auf das Publikum einen abstoßenden Eindruck machen.

Vom hygienischen Standpunkt als bedenklicher anzusehen ist der dem Mainwasser häufig anhaftende und ihm entströmende Geruch. Man darf seine Bedeutung nicht deshalb gering veranschlagen, weil er eine unmittelbare Gesundheitsschädigung nicht bedeutet. Er wirkt mittelbar sehr störend auf das Wohlbefinden ein, wenngleich sich dieser Schaden in einem bestimmten Maße nicht abschätzen läßt.

Der Geruch des Mainwassers ist auf zwei Ursachen zurückzuführen. Die eine ist das Abwasser der chemischen Fabriken. Besonders unterhalb Cassella fällt dem den Main befahrenden Beobachter häufig ein sehr intensiver hyazinthenähnlicher Geruch auf, der allerdings, wie bereits erwähnt, zum Teil wohl nicht aus den Abwässern unmittelbar stammt, sondern durch die Luft übertragen wird; ferner verbreiten die Abwässer der Offenbacher Lohgerbereien spezifische, wenig zusagende Gerüche. Die zweite Ursache der üblen Gerüche ist das sonstige Schmutzwasser und der am Flußboden in stinkender Zersetzung befindliche Schlamm. Welche Mengen von Gasen aus ihm sich entbinden, lehrt jeder Stoß mit einer Bootsstange in die Tiefe oder das Auswerfen der zum Entnehmen von Schlammproben dienenden Dretsche. Diese Gase bestehen nur teilweise aus geruchlosen Komponenten (z. B. Methan).

Der bei der Fäulnis ebenfalls entstehende Schwefelwasserstoff geht, sofern er nicht sogleich durch Eisen gebunden wird, seiner leichten Löslichkeit wegen in das fließende Wasser über und wird in sauerstoffhaltigem Wasser bald als Schwefel wieder ausgeschieden, in sauerstoffarmem oder gar sauerstoffreiem Wasser aber (wie es sich z. B. oberhalb des Offenbacher Wehres findet) kann er sich einige Zeit unzersetzt halten und Geruchsbelästigungen hervorrufen. Durch einfache chemische Reaktionen ist er im Wasser selbst natürlich unmittelbar nicht leicht nachzuweisen. Der Schwefelwasserstoff ist bekanntlich nicht nur ein belästigendes, sondern auch ein giftiges Gas.

Eine besondere Besprechung erheischen noch die von den Bakterien des Flußwassers den Badenden drohenden Gesundheitsschädigungen. Die meisten Untersuchungen des Mainwassers haben einen Bakteriengehalt ergeben, der hinter demjenigen zurückbleibt, welchen man nach dem Grade der übrigen Verunreinigung erwarten sollte. Die mutmaßlichen Gründe dafür sind schon oben angegeben worden.

Am bedenklichsten für die im Flusse Badenden ist der reichliche Befund solcher Bakterien, welche aus den Exkrementen von Menschen und Tieren herrühren, an Kolibakterien. Nicht als solche zwar sind sie bedenklich, aber weil sie einen Rückschluß gestatten — nach Ansicht der meisten Autoren wenigstens — auf die Größe der stattgehabten Verunreinigung der Vorflut mit Fäkalien.

Je größer die Anzahl der im Wasser gefundenen saprophytischen Colibakterien ist, um so größer wird im allgemeinen auch die Gefahr eingeschätzt werden müssen, daß Krankheitserreger, im besonderen der Erreger des Typhus abdominalis, sich unter ihnen befinden. Die Erfahrung zeigt, daß die Fälle, in welchen eine Infektion mit Typhusbazillen durch Verschlucken von Flußwasser beim Baden wahrscheinlich stattgefunden hat, nicht selten sind. An den Badeanstalten im Maine ist polizeilicherseits im Jahre 1908 aus ähnlichen Erwägungen heraus durch Anschlag bekannt gegeben worden: „Vor dem Trinken von Mainwasser wird gewarnt."

Bei den vorgenommenen Untersuchungen wurde Bakterium coli oberhalb des Offenbacher Wehres d. h. im Profile K-L-M noch in $^1/_{10}$ ccm der entnommenen Wasserproben festgestellt, auf der linken Stromseite sogar noch in $^1/_{100}$ ccm. Es spricht dieser Befund für eine ziemlich starke Verunreinigung des Wassers mit Fäkalstoffen, und zwar zu einer Zeit, wo behördlich die Einleitung der Fäkalien in der Stadt Offenbach noch gar nicht erlaubt ist. Daß trotzdem bereits eine Einleitung der Fäkalien, wenn auch in beschränktem Maße, stattfindet, davon konnten die Berichterstatter sich selbst überzeugen; und es war dies auch nach den Erfahrungen, welche man in ähnlichen Fällen bei andern Städten machen kann, zu erwarten. Durch die behördliche Erlaubnis, Wasserklosets einzurichten und sie an die Kanalisation anzuschließen, wird die Verunreinigung des Mainstroms mit Fäkalbakterien noch größer werden als sie zur Zeit schon ist, wenn nicht durch die obligatorische Errichtung und Inbetriebnahme einer Reinigungsanlage für das Abwasser mehr ungelöste Schmutzstoffe aus dem Abwasser entfernt werden, als mit den Fäkalien hineinkommen.

Zurzeit wird ein großer Teil der Bakterien und damit auch der etwa vorhandenen Infektionserreger mechanisch mit den Schwebestoffen oberhalb der Wehre auf den Flußboden abgelagert. Hierdurch werden diese Keime aber nicht unschädlich gemacht. Wohl mögen viele im faulenden Schlamme absterben, ein Teil aber dürfte nach den Erfahrungen, welche wir gerade über die Resistenz von Typhusbazillen haben, sich wochenlang im Schlamme lebend erhalten können. Dieser Schlamm wird nun häufig wieder aufgewühlt, am meisten wohl durch den Schiffsverkehr (Schrauben- und Kettendampfer), und hierdurch entsteht dann jedesmal gleichsam eine Neuinfektion des Wassers.

So ist also auch hinsichtlich der bakteriologischen Verunreinigung des Wassers die Schlammablagerung im Maine von sehr ungünstiger Wirkung.

Zusammenfassend kann man sagen, daß das Mainwasser, wie es zurzeit in das Weichbild der Stadt Frankfurt eintritt, mindestens zu Zeiten der Wasserknappheit und in der warmen Jahreszeit auch bescheidenen Ansprüchen nicht genügt, welche man an ein Flußbadewasser stellen muß. Als Wasser für die Fische wird es gleichfalls zu gewissen Zeiten schon seines geringen Sauerstoffgehaltes wegen unbrauchbar sein.

Was die Infektionsgefährlichkeit des Mainwassers für Badende anbetrifft, so suchen übrigens die gesetzlichen Bestimmungen über den Desinfektionszwang bei gemeingefährlichen und übertragbaren Krankheiten innerhalb der Grenzen des praktisch Erreichbaren dafür zu sorgen, daß lebende Krankheitserreger nicht in den Flußlauf gelangen.

(Vgl. auch die Polizeiverordnung für den Kreis Offenbach, betr. die Abwehr von Volksseuchen, vom 7. April 1897, Veröffentl. des Kaiserlichen Gesundheitsamts 1898 Seite 247). Immerhin wird bei öffentlichen Wasserläufen niemals bestimmte Sicherheit dafür geschaffen werden können, daß sie keine Krankheitserreger enthalten. Es braucht in dieser Beziehung nur darauf verwiesen zu werden, daß Verunreinigungen stattfinden können durch die Abgänge solcher Personen, die Krankheitserreger bei sich beherbergen und fortgesetzt oder zeitweise ausscheiden, ohne selbst erkennbar krank zu sein (Bazillenträger). Es wird die Infektionsgefahr nur tunlichst verringert, aber nicht gänzlich ausgeschaltet werden können.

Bevor nun die Maßnahmen zur bestmöglichen Verhütung der Verunreinigung des Maines durch die Abwässer der Stadt Offenbach besprochen werden, seien in Nachstehendem zunächst die bautechnischen Verhältnisse der Abwässerbeseitigung dieser Stadt einer Erörterung unterzogen.

6. Bautechnische Verhältnisse.

Die Stadt Offenbach mit dem eingemeindeten Vorort Bürgel dehnt sich am linken Ufer des Maines aus, der hier oberhalb der Wehre und Schleusenanlage eine große Schleife bildet. Von der dicht unterhalb dieses Stauwerkes gelegenen preußisch-hessischen Landesgrenze stromaufwärts bis zur Grenze der bebauten Ortslage von Bürgel beträgt die Uferlänge rund 5,6 km, während sich das Entwässerungsgebiet an der Stelle seiner größten Breite bis auf rund 2,5 km Abstand vom Mainufer erstreckt. Von der 788 ha großen Fläche des künftighin zu entwässernden Gebiets sind gegenwärtig etwa 400 ha bebaut und werden von 76000 Einwohnern (75593 nach der Zählung von 1910) bewohnt. In der Altstadt steigt die Bevölkerungsdichte auf 420 Einw./ha, hält sich in den mitteldicht bebauten Stadtteilen auf 225 bis 180 Einw./ha und fällt bei landhausartiger Bebauung auf 48 Einw./ha. Übervölkerte ungesunde Arbeiterviertel sind nicht vorhanden, obgleich die Arbeiterschaft weitaus vorherrscht infolge der sehr bedeutenden Entwicklung der Industrie. Die größten Fabriken, die am meisten Abwässer liefern, liegen nahe am Maine, viele andere in der Stadt zerstreut.

Während sich die höchsten Stellen im südlichen Stadtgebiete bis zu N. N. + 110 m erheben, ist die Höhenlage der Stadtviertel in der Nähe des Flusses so niedrig, daß ungefähr ein Drittel der jetzt bebauten Fläche nur durch den Maindamm gegen Überschwemmungen bei großem Hochwasser geschützt, ein Teil des nicht eingedeichten Vorortes Bürgel dann sogar unter Wasser gesetzt wird. Beispielsweise liegt am Isenburger Schlosse die Dammkrone auf N.N. + 99,60 m, die Fahrbahnkrone der Mainstraße auf + 96,85 m. Auch wo die Straßenkronen hochwasserfreie Lage besitzen, sind die nicht aufgeschütteten Teile im Innern der Baublöcke niedrig und bedürfen bei großem Hochwasser einer künstlichen Entwässerung. Das Grundwasser steht fast überall hoch an, im allgemeinen etwa 3 m unter Geländehöhe. Die Gefällverhältnisse sind in der Richtung längs des Flusses sehr ungünstig, quer zur Flußrichtung etwas günstiger.

Durch die Main-Kanalisierung ist die ohnehin schlechte Vorflut der tiefliegenden Stadtviertel noch mehr verschlechtert worden. In der Tabelle A sind die am alten Offenbacher Pegel (an der Fähre beim Schlosse) für den 75jährigen Zeitraum 1826—1900 gültigen Durchschnittszahlen des Hochwassers (MHW), Mittelwassers (MW) und Niedrigwassers (MNW) verglichen mit den gleichwertigen Wasserständen am Hanauer Pegel, sowie mit den höchsten und niedrigsten Wasserständen (HHW und NNW) desselben Zeitraums und mit dem höchsten Wasserstand aus neuester Zeit (HW 1909). Da der Nullpunkt des Offenbacher Pegels auf N.N. + 91,74 m liegt, so hat das langjährige MW a. P. Offenbach auf + 93,27 m gelegen. Das Spiegelgefälle des Maines betrug früher rund 1 : 4000 (0,25 ‰), und jenem Mittelwasser entsprach an der 3,3 km flußabwärts befindlichen Stelle der Wehr und Schleusenanlage die Höhenzahl + 92,45 m, ferner an dem 2,3 km flußaufwärts befindlichen Ende von Bürgel die Höhenzahl + 93,85 m. Der künstliche Stau des Wehres hat seit 1901 den Wasserspiegel auf + 94,20 m an der Wehrstelle, + 94,26 m am alten Pegel und + 94,30 m oberhalb Bürgel gehoben. Mithin ist der mittlere Wasserstand erhöht worden um 1,75 m an der Wehrstelle, nahezu 1 m am Fährpegel und 0,45 m oberhalb Bürgel.

Tabelle A.

Art der Wasserführung	HHW 1845—1882	HW Februar 1909	MHW 1826—1900	MW 1826—1900	MNW 1826—1900	NNW Juli 1893
Offenbacher Pegel N. N. + . . .	99,07	98,01	96,31	93,27	92,62	92,31
Offenbacher Pegel m a. P. . . .	7,33	6,27	4,57	1,53	0,88	0,57
Hanauer Pegel, m a. P.	7,24	6,22	4,58	1,63	1,00	0,70
Abflußmenge, cbm/sek.	2700	2120	1250	165	72	41

Die letzte Zeile der Tabelle A enthält die Abflußmengen des Maines (cbm/sek) bei den zugehörigen Wasserständen am Hanauer Pegel. Den Höhenzahlen am Offenbacher Pegel entsprechen sie jetzt nur noch, sobald das Nadelwehr niedergelegt und der künstliche Stau beseitigt ist. Dies geschieht bei Hochwasser und bei drohender Eisbildung, gewöhnlich an 30 bis 40 Tagen im Jahre. Abgesehen von den ungewöhnlichen Höchstständen, die nur alle 30 bis 40 Jahre einmal vorübergehend erreicht werden, muß man auf Hochwasser mit 2400 cbm/sek Abflußmenge und + 98,50 m Höhenzahl am Offenbacher Pegel in jedem Winter gerüstet sein, obgleich auch solche Hochfluten selten vorkommen. Im Winterhalbjahre (November—April) fließt doppelt soviel Wasser im Maine ab wie im Sommerhalbjahre (Mai—Oktober). Namentlich treten in der sommerlichen Jahreshälfte keine Hochfluten ein, die das mittlere Hochwasser überschreiten. Vielmehr halten sie sich erfahrungsmäßig unter + 95,50 m Höhenzahl am Offenbacher Pegel.

Wie aus der Darstellung der allgemeinen Vorbedingungen hervorgeht, kommt die künstliche Entwässerung der im Schutze des Maindamms liegenden Tiefgebiete Offenbachs nur für das Winterhalbjahr bei großem Hochwasser in Betracht, wogegen die höchsten Anschwellungen im Sommerhalbjahre niedriger bleiben als die niedrigsten Punkte des Stadtgebiets. Umgekehrt verhalten sich die Regenwassermengen, die bei starken Niederschlägen in kurzer Zeit aus der Stadt abzuführen sind. Die mit größter Heftigkeit fallenden Platzregen, gewöhnlich mit Gewittern verbunden, beschränken sich auf das Sommerhalbjahr, während im Winterhalbjahre meistens nur Landregen mit minder großer Heftigkeit vorkommen. Die Aufzeichnungen eines seit 1903 am Offenbacher Stadthaus aufgestellten selbstzeichnenden Regenmessers haben ermöglicht, mit genügender Sicherheit zu beurteilen, wie groß die Regenwassermengen sind, die bei Platzregen und Landregen zu fallen pflegen.

Der größte Platzregen im Winterhalbjahre zeigte nur eine Heftigkeit von 33 sl/ha (Sekundenliter auf 1 Hektar) bei 10 Minuten Dauer. Obgleich die lang anhaltenden Landregen weniger heftig sind, empfiehlt es sich doch, mit dieser Regenstärke bei Bemessung der künstlichen Vorflut zu rechnen. In dicht bebauten Teilen des Stadtgebiets fließen hiervon 70 %, bei mitteldichter Bebauung 60 %, bei landhausartiger Bebauung 35 % während des Niederschlags ab. Die abzuführende Regenwassermenge eines Winterregens beträgt demnach je nach der Bebauungsdichte 23 oder 20 oder 11,5 sl/ha.

Unter den sommerlichen Platzregen verdienen besondere Erwähnung diejenigen vom 2. August, 30. August und 24. September 1909, die schädliche Überschwemmungen in Offenbach angerichtet und viele Keller mit wertvollen Warenlagern unter Wasser gesetzt haben. Bei der größten Heftigkeit fielen am 2. August in 11 Minuten 17,1 mm, am 30. August in 11 Minuten 11,0 mm, am 24. September in 34 Minuten 26,3 mm Regen, entsprechend 258, 166, 130 sl/ha. Ordnet man die Platzregen nach Heftigkeit und Häufigkeit, so läßt sich ein zuverlässiges Urteil darüber gewinnen, welche Abmessungen den Kanälen zu geben sind, um die von ihnen zum Abfluß gebrachten Wassermengen ohne Überschwemmungsgefahr abführen zu können. Für die dicht bebauten Stadtteile, in denen 70 % des Niederschlags sofort abfließen, ist mit einer Regenmenge zu rechnen, die voraussichtlich höchstens alle 24 Monate einmal zu erwarten sein wird. Bei mitteldichter Bebauung, bei der 60 % sofort zum Abfluß kommen, darf man sich mit Annahme einer alle 16 Monate zu erwartenden Regenmenge begnügen, weil die Sicherung gegen schädliche Überschwemmungen hier weniger dringlich erscheint. Auch bei landhausartiger Bebauung empfiehlt sich dieselbe Annahme, ist aber die Wahl eines Abflußverhältnisses von nur 35 % zulässig. Für den Vorort Bürgel genügt auch im dicht bebauten Teile die Annahme der geringeren Regenmenge. In der Tabelle B sind die unter diesen Voraussetzungen ermittelten Angaben über die Regenmengen und die Abflußmengen des Regenwassers zusammengestellt. Je nach der Platzregendauer und Bebauungsdichte ist auf 42 bis 150 sl/ha Regenmenge und auf 15 bis 105 sl/ha Regenwasser-Abflußmenge zu rechnen.

Tabelle B.

Regen- und Abfluß-heftigkeit Dauer	Offenbach						Bürgel			
	Dicht bebaut		Mitteldicht		Landhausartig		Dicht bebaut		Mitteldicht	
	Regen	Abfluß	Regen	Abfluß	Regen	Abfluß	Regen	Abfluß	Regen	Abfluß
10 Minuten . .	150	105	125	75	125	43	125	87	125	75
15 „ . .	125	87	92	55	92	32	90	63	90	50
20 „ . .	75	52	42	25	42	15	50	35	50	30
	sl/ha		sl/ha		sl/ha		sl/ha		sl/ha	

Die Menge des abzuführenden Brauchwassers hängt einesteils von der Größe und Bevölkerungsdichte des städtischen Entwässerungsgebiets nebst seinem Wasserverbrauch, anderenteils von dem sehr bedeutenden Wasserverbrauche der Industrie ab, soweit das Abwasser der Fabriken in das städtische Kanalnetz eingeleitet werden soll. Weder jetzt noch künftighin kommt das hauptsächlich aus dem Grundwasser und aus dem Maine entnommene Kondens- und Kühlwasser der am Maine gelegenen großen Fabriken in Betracht, das in besonderen Rohrleitungen dem Flusse zufließt. Ebenso wie viele kleineren Betriebe in der inneren Stadt, führt jetzt auch das städtische Elektrizitätswerk sein Kondens- und Kühlwasser in den Hauptsammler der Kanalisation, will aber eine besondere Ableitung nach dem Maine anlegen. Jene Großbetriebe senden gegenwärtig auch ihr stark verschmutztes und in den vorhandenen Kläranlagen nicht genügend gereinigtes Abwasser durch die erwähnten Leitungen in den Fluß, wogegen in Zukunft dieses Schmutzwasser nach örtlicher Vorklärung in die Kanäle aufgenommen werden soll. Eine Ausnahme gedenkt man nur bei den Abwässern der chemischen Fabrik Elektron zu machen. Von den sonstigen Großbetrieben, deren eigene Rohrleitungen später nicht mehr für die Fabrikabwässer dienen sollen, kommen namentlich die Lederwerke in Bürgel mit 70 und in Offenbach mit 105 sl Abwassermenge in Betracht. Für die Zukunft wird eine Vermehrung auf 220 sl in Bürgel, 300 sl in Offenbach, also 520 sl im ganzen vorzusehen sein.

Gegenwärtig liefert das städtische Wasserwerk mit Grundwasserversorgung jährlich 1,69 Millionen cbm für 76000 Einwohner, also 61 l/Kopf/Tag. Die stärkste tägliche Abgabe im Hochsommer beträgt rund 7950, die geringste am Weihnachtsfeste rund 2200, die durchschnittliche rund 4600 cbm. Während jetzt der größte Tagesverbrauch sich auf etwa 105 l/Kopf beziffert, ist für die Zukunft auf 160 l/Kopf zu rechnen, weil nicht nur der Reinwasserbedarf der Bevölkerung mit Besserung der Lebenshaltung wächst, sondern auch das Mittel- und Kleingewerbe späterhin mehr Wasser als jetzt verbrauchen wird. Nimmt man den größten Stundenverbrauch auf das $1^1/_2$fache des Durchschnitts an, so ist auf eine häusliche Brauchwassermenge in der Stunde von $160.1,5 : 24 = 10$ l/Kopf zu rechnen. Wenn E die Einwohnerzahl bezeichnet, so gibt $E : 360$ diese Brauchwassermenge in Sekundenlitern an. Mithin beträgt für eine zukünftige Bevölkerung von 196500 Einwohnern die häusliche Brauchwassermenge rund 550 sl, wozu von den Großbetrieben noch 520 sl Fabrikabwässer kommen werden, zusammen 1,07 cbm/sek. Jetzt bereits sind an der Ausmündung des städtischen Kanalnetzes Brauchwassermengen aus dem Stadtteil Offenbach bis zu 400 sl, oder nach Abzug des Kondenswassers 300 sl, gemessen worden. In beiden Fällen steuern die Fabrikabwässer einen annähernd ebenso großen Beitrag wie das häusliche Brauchwasser zur ganzen Brauchwassermenge bei.

Auf die Flächeneinheit des bebauten Stadtgebiets bezogen, entspricht der jetzigen Größtmenge des häuslichen Brauchwassers (für Offenbach ohne Bürgel) die Abflußzahl 0,5 sl/ha. Beim vollen Ausbau des gesamten Entwässerungsgebiets würde die Abflußzahl voraussichtlich auf 1,36 sl/ha wachsen. Ohne Einrechnung der Fabrikabwässer entfallen dann auf das Hektar durchschnittlich 0,7 sl, und zwar für die dicht bebauten Teile Offenbachs 1,1 sl, für Bürgel 0,8 sl, für die mitteldicht bebauten Teile

Offenbachs 0,7 sl und für die weitläufig bebauten Stadtviertel 0,1 bis 0,2 sl. Die bisherige schnelle Entwicklung der Stadt läßt erwarten, daß in absehbarer Zeit an das Kanalnetz im ganzen 788 ha Entwässerungsgebiet, hiervon 723 ha in der Offenbacher und 65 ha in der Bürgeler Gemarkung, angeschlossen sein werden.

In der Altstadt bestehen schon seit langer Zeit gemauerte Kanäle, die jedoch zu flach unter den Straßenkronen liegen. Solche für die Ableitung des Regenwassers und des Hauswassers bestimmten Kanäle aus Bruchsteinmauerwerk wurden früher in allen neu entstandenen Straßen angelegt, aber ohne einheitlichen Plan und in ungleichem Gefälle. Da sie vielfach undicht und schlecht besteigbar waren, erwies sich ihre ordnungsmäßige Spülung und Instandhaltung unmöglich. Die Fäkalien sollten nicht hineingeleitet, sondern in Gruben gesammelt und abgefahren werden. Die Fabrikabwässer gelangten nur teilweise in diese Kanäle; von den wichtigsten Fabriken werden sie in eigenen Abwasserleitungen nach dem Maine abgeführt.

Beim raschen Aufschwung Offenbachs und seiner Industrie machte sich der Wunsch geltend, statt dieser veralteten Entwässerung eine den neuzeitlichen Anforderungen besser entsprechende Kanalisation herzustellen. Ein im Jahre 1888 bearbeiteter Entwurf entschied sich für das Mischsystem, jedoch mit Fernhaltung der Fäkalien, um das Kanalwasser ohne Kläranlage in den Main führen zu können. Die älteren Bruchsteinkanäle wollte man allmählich beseitigen oder zuschütten und durch Rohrleitungen aus Steinzeug oder Beton oder dicht gemauerte Kanäle ersetzen. Dies ist indessen nur zum Teil geschehen, überdies nicht überall mit der erforderlichen Sorgfalt, so daß den neueren Leitungen dieselben Mängel in bezug auf Gefälle und Dichtigkeit anhaften wie den älteren Kanälen. Für die Abführung des Regenwassers waren diese wegen ihrer größeren Geräumigkeit sogar besser geeignet. Denn bei Bemessung der Leistungsfähigkeit der neueren Leitungen hatte man für die damals noch nicht bebauten Gebietsteile nur auf Regenwasser-Abflußmengen von 11 sl/ha (für die bebauten Teile auf 22 sl/ha) gerechnet, was infolge der schnellen Erweiterung der Stadt dazu geführt hat, daß die meisten Kanalstrecken zu eng sind und bei starkem Platzregen überlastet werden.

Der Hauptsammler für das Offenbacher Entwässerungsgebiet liegt in der am Flusse entlang führenden Mainstraße und im Nordring, nimmt an der Kaiserstraße den Sammelkanal der mittleren Stadtteile und am Goethering denjenigen der westlichen Stadtteile auf. Nahe beim Goethering befindet sich der Hauptauslaß, aus dem das ungereinigte Kanalwasser bei gewöhnlichen Wasserständen frei abfließt. Wenn bei Hochwasser des Maines der freie Abfluß behindert ist, wird das Kanalwasser mit dem neben dem Hauptauslasse befindlichen Druckluft-Pumpwerk übergepumpt. Außer einem in den Grenzgraben gehenden Regenauslasse, führen die übrigen Regenauslässe vom Hauptsammler in den Main zwischen dem oberen Ende der Stadt und der Brücke, wo auch die Kondens- und Abwasserkanäle der wichtigsten Fabriken Offenbachs in den Fluß münden. Die Mündungen liegen unter dem Stauspiegel und werden gegen höheres Hochwasser durch Doppelschieberverschluß geschützt.

Der jetzige Zustand des Hauptsammlers genügt den Anforderungen, die an ihn gestellt werden müssen, durchaus nicht. Selbst wenn man von der zu knappen Bemessung der Querschnitte absieht, ist die Leistungsfähigkeit durch die unrichtig gewählten Sohlenhöhen schwer beeinträchtigt. Teilweise liegt die Sohle im Gegengefälle oder so niedrig, daß sich Wassersäcke mit stetigen Schlammablagerungen gebildet haben. An anderen Stellen ist der Hauptsammler arg beschädigt und läßt das Kanalwasser in den Untergrund austreten. Mehr oder weniger gilt dies auch für die meisten übrigen Kanäle, deren ohnehin zu geringe Leistungsfähigkeit durch schlechte Entlüftung und starke Verschlammung übermäßig beeinträchtigt ist. Obgleich die Fäkalien abgefahren werden sollen, gelangen sie doch vielfach in die Kanäle, die zu ihrer Aufnahme ungeeignet sind. Durch die Einleitung der ungenügend oder gar nicht vorgereinigten Abwässer der Fabriken und sonstiger Abgänge hat die bauliche Beschaffenheit der Leitungen erheblich gelitten und wird ihre Instandhaltung so erschwert, daß manche Strecken gewissermaßen als Faulbecken wirken. Bei kräftigem Regen werden die in Fäulnis begriffenen Stoffe durch die Auslässe in den Main gespült, wo sie im Vereine mit den Abgängen aus den Fabrikkanälen zur Verschmutzung und Verschlammung des Flusses in hohem Maße beitragen.

Seit einem Jahrzehnte haben sich diese Mißstände dermaßen verschlimmert, daß die Herstellung einer Kläranlage an dem Hauptauslasse des Kanalwassers als nötig erachtet wurde. Wie dringlich notwendig aber auch eine durchgreifende Verbesserung des ganzen Kanalnetzes ist, zeigten die oben erwähnten Überschwemmungen bei den im August/September 1909 gefallenen Platzregen und die durch sie veranlaßte Untersuchung der vorhandenen Anlagen. Die Stadtverwaltung entschloß sich daher, vom Dr. Ing. Th. Heyd in Darmstadt Entwürfe für eine neue Kanalisation und eine Kläranlage bearbeiten zu lassen.

Bei der am 2. Juni 1911 stattgehabten Rücksprache wurde den Berichterstattern des Reichs-Gesundheitsrats von den Vertretern der Stadt Offenbach mitgeteilt, es sei beabsichtigt, für die weniger stark belasteten Kanäle der Hochgebiete das Mischsystem beizubehalten, dagegen in den neu zu bebauenden Stadtteilen und in den Tiefgebieten das Trennsystem einzuführen. Eine scharfe Trennung würde sich hier freilich nicht durchführen lassen, da man in die als Schmutzwasserkanäle zu verwendenden vorhandenen Kanäle der Tiefgebiete auch das Regenwasser aus den niedrigen Höfen einleiten müsse; für das von den Dächern und Straßen kommende Regenwasser seien neue Kanäle anzulegen. In Bürgel sollte das Regenwasser unmittelbar in den Main und das Schmutzwasser mit einer Pumpanlage in einen Anschlußkanal gefördert werden, der es in den Offenbacher Hauptsammler leiten würde. Dieser Hauptsammler solle, um bessere Vorflut zu gewinnen, nach Einschaltung einer Kläranlage in das Unterwasser des Offenbacher Wehres ausmünden, falls nicht etwa ein Anschluß an das Frankfurter Kanalnetz zustande käme.

Der inzwischen fertiggestellte Entwurf zur neuen Kanalisation weicht von dem damaligen Plane wesentlich dadurch ab, daß er auch für die Tiefgebiete in Offenbach das Mischsystem vorsieht. Nur für Bürgel und für den neuen Stadtteil westlich vom Goetheringe neben der Kläranlage ist das Trennsystem in Aussicht genommen. Auch Bürgel wird in eine Hochzone, deren Regenwasser mit natürlichem Gefälle in den Main fließen kann, und in eine Tiefzone geteilt. Das Schmutzwasser der Tiefzone muß mit einem kleinen Pumpwerk in den schon erwähnten Anschlußkanal gehoben werden. Dasselbe Pumpwerk dient bei großem Winterhochwasser, solange die Regenauslässe abgesperrt sind, zum Überpumpen des Regenwassers. Eine zweite Pumpanlage zur Ergänzung und späterhin zum Ersatze der schon vorhandenen ist am Goethering bereits im Baue; sie soll bei Regenwetter zur Hochwasserzeit das mehr als 4 fach verdünnte Abwasser der Offenbacher Tiefgebiete in den Main überpumpen. Ein drittes Pumpwerk würde an der Kläranlage herzustellen sein, um zur Hochwasserzeit bei Trockenwetter das gereinigte Brauchwasser und bei Regenwetter das Abwasser bis zur 4 fachen Verdünnung, nachdem es in der Kläranlage gereinigt ist, in den Fluß zu heben. Bei allen 3 Pumpwerken ist elektrischer Antrieb vorgesehen.

Für Offenbach ist ein großes Hochgebiet geplant, dessen Mischwasserkanalnetz einige Regenentlastungskanäle erhält, im übrigen aber an das Kanalnetz der drei nach dem Mischsystem zu kanalisierenden Tiefgebiete anschließt. Den gemeinsamen Vorfluter ihres Mischwassers bildet ein neuer Hauptsammler, der durch die Mainstraße und den Nordring nach der Pumpanlage am Goetheringe führt. Je nach der Vergrößerung seines Zuflußgebiets wird er durch kurze Regenauslässe in den Main entlastet. Die Überfallschwellen aller Auslässe liegen beim höchsten Sommerhochwasser (N. N. + 95,50 m) noch staufrei und können den von einem Platzregen erzeugten Zufluß ohne Hemmung abführen. Wird bei einem Winterhochwasser der Wasserstand + 95,80 m überschritten, so beginnt der Pumpbetrieb, dessen Leistungsfähigkeit auf die Bewältigung des stärksten Winterregenabflusses bei einem bis zu + 98,50 m anwachsenden Hochwasser berechnet ist. Die Auslässe der Regenentlastungskanäle des Hochgebiets bleiben auch dann staufrei. Alle Überfallkanten sind auf die für den Offenbacher Fährpegel gültigen Zahlen mit der Maßgabe eingerechnet, daß bei voller Beanspruchung des Hauptsammlers sein Spiegelgefälle 1 : 3000 betragen wird.

Bei diesem notgedrungen sehr schwachen Gefälle muß der Hauptsammler sehr große Querschnitte erhalten, zuletzt 6 qm, um zurzeit eines über + 95,80 m anwachsenden Hochwassers das gesamte Brauchwasser und das aus den Offenbacher Tiefgebieten mit 20 bis 23 sl/ha Abflußmenge zufließende Regenwasser aufnehmen zu können. In runden Zahlen beträgt dann die von der Pumpanlage am Goetheringe zu fördernde sekundliche Wassermenge nicht ganz 3 und die vom Pumpwerk an der Kläranlage in den Main zu hebende Wassermenge über 4 cbm. Von diesen 7 cbm/sek. besteht der weitaus größte Teil aus Regenwasser, das auch beim Trennsystem großenteils in geschlossener Leitung nach einem Pumpwerk geführt und übergepumpt werden müßte, weil einem Teile der Tiefgebiete zurzeit des hohen Winterhochwassers die natürliche Vorflut fehlt. Mithin würde man dem Regenwasser-Hauptsammler beim Trennsystem ebenfalls große Querschnitte geben, außerdem aber einen besonderen Brauchwasser-Hauptsammler neben ihm anlegen müssen, weil der vorhandene Hauptsammler aus den oben genannten Gründen und mit Rücksicht auf den Bürgeler Anschlußkanal nicht beibehalten werden kann.

Auch die übrigen Kanäle der Tiefgebiete eignen sich, wie die nähere Untersuchung gezeigt hat, größtenteils nicht zur Abführung des Brauchwassers. Vielmehr wäre man genötigt, außer den neuen Regenwasserkanälen fast überall neue Brauchwasserkanäle anzulegen. Ohnehin werden sich von 65,2 km vorhandenen Leitungen im ganzen Stadtgebiete nur 37,2 km benutzen lassen und sind beim vollen Ausbau 78,4 km neue Kanäle erforderlich. Hierzu kommen noch die schlechten Gefällverhältnisse, die hohe Lage des Grundwasserspiegels, die geringe Straßenbreite, die Schwierigkeit und Kostspieligkeit der doppelten Hausanschlüsse u. a. m. Wie die Verhältnisse liegen, ist das Trennsystem für die Tiefgebiete in den älteren Stadtteilen Offenbachs nicht anwendbar und das Mischsystem bei weitem zweckmäßiger.

Für die Stadt Frankfurt wäre es erwünscht, wenn die Offenbacher Abwässer unterhalb des Frankfurter Stadtgebiets nach vorheriger Reinigung in der Frankfurter Kläranlage in den Main geleitet würden. Auch die Stadt Offenbach hat sich einem solchen Anschluß an das Frankfurter Kanalnetz nicht abgeneigt erwiesen, hauptsächlich wegen der Nachteile, die von einer Kläranlage mit Schlammlagerplätzen unmittelbar neben einem neuen Stadtteil verursacht werden. Dieser Übereinstimmung der Wünsche stehen jedoch schroffe Meinungsverschiedenheiten gegenüber. Frankfurt verlangt, um die Vorflutleitungen nicht zu groß bemessen und seine Kläranlage nicht überlasten zu müssen, Offenbach solle das Trennsystem möglichst ausgedehnt einführen und nur eine knapp bemessene Kanalwassermenge in das Frankfurter Kanalnetz einleiten. Dagegen will Offenbach die Abwässer der Fabriken mit einer einzigen Ausnahme aufnehmen und hierdurch seine Brauchwassermenge weit über das übliche Maß hinaus steigern, und vom Trennsystem hat es für den größten Teil der Stadt aus triftigen Gründen Abstand genommen.

In dem vom Frankfurter Tiefbauamte vorgeschlagenen Vertragsentwurf ist die von Offenbach in den Anschlußkanal einzuleitende Abwassermenge einschließlieh Regenwasser auf 20 l/Einw. in der Stunde begrenzt, mithin bei der jetzigen Einwohnerzahl auf 422 und bei der zukünftigen Vergrößerung auf 1090 sl. Dagegen wird Offenbach nach dem Umbau seiner Kanalisation bei Regenwetter 1,5 und künftighin über 4 cbm/sek. Abwasser nach der Anschlußstelle bringen, also das Vierfache der Beträge, die Frankfurt übernehmen will. — Die Einleitung von Grundwasser, industriellen und gewerblichen Abwässern wäre nach jenem Entwurfe nur auf Grund besonderer, unter Mitwirkung der Stadt Frankfurt abzuschließender Verträge zulässig; in jedem Einzelfalle sollen die Vergütungen für die Behandlung in der Kläranlage vertragsmäßig geregelt werden. Hierauf glaubt Offenbach nicht eingehen zu können, weil die so wie so schon schwierige Aufnahme der Fabrikabwässer, worauf es den größten Wert legt, hierdurch sehr erschwert und vielleicht unmöglich gemacht würde. — Bei Hochwasserständen von mehr als 2,60 m a. P. Frankfurt soll nach dem Vertragsentwurfe die Verbindung zwischen beiden Kanalnetzen aufgehoben werden und Offenbach seine Kanalwässer mit Pumpen in den Main fördern. Diese Bedingung würde die Zahl der Tage, an denen die Offenbacher Pumpwerke in Tätigkeit kommen, von 1 bis 2 Tagen auf 10 bis 20 Tage im Jahre vermehren.

Auf die über die Kostenvergütung bestehenden erheblichen Meinungsverschiedenheiten einzugehen, empfiehlt sich nicht. Eines ist aber ohne weiteres klar, nämlich daß der Anschluß Offenbachs an die Frankfurter Kanalisation außerordentlich viel teurer sein würde als der Bau einer eigenen Kläranlage. Da es sich um die sofortige

Aufnahme von 1,5 cbm/sek. Kanalwasser handelt, künftighin bis über 4 cbm/sek., so reichen weder die in Sachsenhausen vorhandenen Kanäle, noch reicht die vorhandene Frankfurter Kläranlage aus. Selbst wenn deren Erweiterung billiger wäre als der Bau einer neuen Anlage bei Offenbach, so müßte doch gleich anfangs ein besonderer Anschlußkanal von etwa 8 km Länge gebaut werden, der bei dem geringen Gefälle 3 bis 4 Millionen Mark kosten würde. Das ist ungefähr das Fünffache des Kostenbedarfs einer Kläranlage, die nicht gleich im vollen Umfang hergestellt zu werden braucht.

Dieser Kostenvergleich setzt voraus, daß die Stadt Offenbach eine Kläranlage baut und betreibt, die eine mindestens ebenso gute Reinigung ihres Kanalwassers bewirkt, wie sie die Frankfurter Kläranlage leisten könnte. Für die Unterlieger Frankfurts ist in diesem Falle gleichgültig, an welcher Stelle die Reinigung des Offenbacher Kanalwassers stattfindet. Eine weitergehende Reinigung oder eine Umgehung der Frankfurter Flußstrecke mit Hilfe des zur Frankfurter Kläranlage führenden Anschlußkanals würde lediglich für die Stadt Frankfurt vorteilhaft sein. Mehr als eine gute mechanische Reinigung wird man der Stadt Offenbach nicht auflegen können, da bisher von keiner Stadt am Maine mehr verlangt worden ist.

7. Mittel zur Besserung der Zustände.

Aus den vorhergehenden Ausführungen ergibt sich, daß eine Besserung der Abwasserverhältnisse Offenbachs notwendig und daß sie möglich ist.

Es ist nun die Aufgabe, die Richtung anzugeben, in welcher sich die Verbesserungen zu bewegen haben werden, das Maß zu bestimmen, welches durch die Verbesserungen erreicht werden muß und den bereits ausgearbeiteten Entwässerungsplan des Dr. Ing. Heyd in seinen Grundzügen daraufhin zu prüfen, ob bei seiner Durchführung die für erforderlich gehaltenen Verbesserungen gewährleistet sind.

Im Abschnitt 5 ist darauf hingewiesen worden, daß bei der Abwässerbeseitigung Offenbachs folgende Forderungen aufgestellt werden müssen:

1. Verhinderung des starken Sauerstoffschwundes im Mainwasser,
2. Verhütung oder Verminderung der Schlammablagerung im Flusse und
3. Verminderung der im Mainwasser gelösten oxydierbaren Stoffe.

Zu 1. Es ist zu erwarten, daß ein allzu großer Sauerstoffschwund im Mainwasser mit seinen ungünstigen Folgen verhindert werden wird durch Einführung der Abwässer Offenbachs unterhalb des Offenbacher Wehres, da hier infolge des geringeren Querschnitts des Flußbetts die Strömungsgeschwindigkeit des Mains größer ist und das Mainwasser beim vorherigen Passieren des Nadelwehrs genügend Luft aufnehmen kann, um die nachfolgende Zumischung des Abwassers zu vertragen. Vielleicht läßt sich an den Wehren selbst auch die Durchlüftung des Wassers noch verbessern.

Zu 2. Die Schlammablagerung im Maine und die mit der Schlammfäulnis Hand in Hand gehende Flußverunreinigung wird verhindert werden durch eine möglichst weitgehende mechanische Reinigung des Abwassers.

Ein genügender Erfolg wird aber nur dann zu erzielen sein, wenn man sämtliche städtischen und industriellen Abwässer von Offenbach-Bürgel zusammenfaßt und in einer gemeinsamen Kläranlage reinigt, denn die Beimengungen von industriellem Abwasser zum städtischen Abwasser werden die Ausscheidung der Schmutzstoffe erleichtern. Diese Ausscheidung soll aber in der Kläranlage und nicht im Mainfluß vor sich gehen. Aus diesen Gründen ist es auch dringend erwünscht, daß die chemische Fabrik Elektron (Werk Oehler) den offensiven Teil ihrer Abwässer, ähnlich wie es die Fabrik von Leopold Cassella & Co. gemacht hat, von den harmlosen Abwässern sondert und diese abgetrennten Wässer etwa nach Abstumpfung der Säure und Beseitigung vorhandenen Schwefelnatriums (z. B. durch Eisensalze) usw. den Offenbacher Kanälen zuführt. Letztere Maßnahmen wären nötig, damit sowohl Schädigungen des Materials der städtischen Kanäle durch freie Säure als auch Störungen der Gesundheit der beim Kanalbetriebe beschäftigten Arbeiter durch freien Schwefelwasserstoff und andere Gase vermieden werden. Zur Verhütung von Explosionen in den Kanälen müßte ferner auch sorgfältig darauf geachtet werden, daß Flüssigkeiten, welche explosible Dämpfe entwickeln, von den Kanälen ferngehalten werden.

Die gleiche Vorschrift der Beseitigung des Schwefelnatriums aus den Abwässern wird man übrigens den Lederfabriken machen müssen, welche solche Abwässer produzieren. Für den Fall, daß eine nochmalige genaue, vorurteilsfreie Prüfung ergeben sollte, daß der Anschluß der Abwässer der Oehlerschen Fabrik an die Offenbacher Kanalisation, sei es aus wirtschaftlich technischen Gründen, sei es wegen der praktischen Unmöglichkeit, die genannten Gefahren (Gesundheitsschädigungen, Explosionen) sicher auszuschalten, nicht durchführbar ist, sollte wenigstens dafür Sorge getragen werden, daß die Abwässer, bevor sie in den Strom gelangen, einer genügenden Reinigung unterzogen, zum mindesten ihrer offensiven Eigenschaften entkleidet werden. Bestimmte Vorschläge können in dieser Beziehung nicht gemacht werden, da es nicht möglich war, einen Einblick in den Fabrikationsbetrieb und die einzelnen entstehenden Abwasserarten zu gewinnen. Jedenfalls sollte das Bestreben der Fabrik dahin gehen, die Kühl- und Kondenswässer möglichst für sich abzuführen, die offensiven Abwässer dagegen zu sammeln und durch einen gemeinsamen Kontrollschacht zu schicken. Eine Begrenzung auch der Menge der offensiven Abwässer durch die Konzession wäre erwünscht.

Im Gebiete der großen Fabriken wird man eine Vorklärung der Abwässer im Sinne einer Entfernung der gröbsten Mengen von Haaren, Fasern u. dergl. eintreten zu lassen haben, doch sollte sich diese Vorklärung tunlichst in bescheidenen Grenzen halten, damit eine Dezentralisation der Abwasserreinigung, welche die Kontrolle erschwert, vermieden wird.

Was die Wahl des Reinigungssystems anlangt, so empfiehlt es sich nicht, ein bestimmtes System der Stadt vorzuschlagen. Man wird nur die grundsätzliche Forderung aufstellen müssen:

1. daß mindestens 60 % der Schwebestoffe des vorgeklärten Abwassers durch die Kläranlage zurückgehalten werden.

Unter vorgeklärtem Abwasser ist ein Abwasser zu verstehen, welches durch einen Sandfang und durch Rechen grob gereinigt ist. Bei den von Uhlfelder und Tillmans (Mitteilungen aus der Königlichen Prüfungsanstalt für Wasserversorgung pp.,

Heft 10, S. 239, 1908) an der Frankfurter Kläranlage ausgeführten Versuchen ergab sich, daß im Mittel aller Versuche etwa 20 % sämtlicher suspendierter Stoffe durch Sandfang und Rechen beseitigt wurden. Etwa 60 % der suspendierten Stoffe des so vorgereinigten Wassers wurden dann noch durch die Wirkung der Klärbecken beseitigt. Da die Konzentration des Frankfurter und des Offenbacher städtischen Abwassers nicht sehr erheblich verschieden ist, glaubten die Berichterstatter die für Frankfurt a. M. gefundene Klärwirkung auch als Mindestmaß für die Wirkung der späteren Offenbacher Kläranlage fordern zu sollen. Voraussichtlich wird aber das Offenbacher Gesamtabwasser, wegen der größeren Menge beigemischten Industrieabwassers, sich besser mechanisch reinigen lassen als das Frankfurter zurzeit. Man wird also mit Recht einen Kläreffekt von mindestens 60 % verlangen dürfen.

2. daß das aus der Kläranlage abfließende Wasser auch in der warmen Jahreszeit noch nicht in Fäulnis übergegangen ist, und

3. daß der anfallende Schlamm ohne Schwierigkeiten beseitigt werden kann. Vielleicht würde sich ein Abkommen mit Frankfurt ermöglichen lassen, wonach die Verbrennung des Schlammes in der mit der Frankfurter Kläranlage verbundenen Müllverbrennungsanlage stattfinden könnte. Mit Rücksicht auf die unmittelbare Nähe des zum Industrieviertel bestimmten neuen westlichen Stadtteils wird Offenbach darauf Rücksicht nehmen müssen, die Kläranlage derart einzurichten, daß üble Gerüche, Fliegenplage usw. möglichst verhütet werden.

Man wird annehmen dürfen, daß die Reinigung in einer eigenen, am Ende des Offenbacher Kanalnetzes eingeschalteten Kläranlage besser zu bewirken ist, als dies nach einem 8 km langen Wege im gefällarmen Anschlußkanal in der Frankfurter Kläranlage geschehen könnte. Das bei Trockenwetter etwa zur Hälfte aus Fabrikabwasser bestehende Offenbacher Kanalwasser ist qualitativ anders beschaffen als das Frankfurter Kanalwasser[1]) infolge seiner bedeutenden Reinwasserzufuhr. Daher wird es voraussichtlich auch einer anderen Behandlung bedürfen, die sich leichter gestalten dürfte, wenn es frisch in die Kläranlage kommt, als wenn seine gröberen Schwimm- und Sinkstoffe unterwegs zerrieben werden oder gar Fäulniserscheinungen eintreten.

Da selbst die beste Abwasserreinigungsanlage wertlos werden kann, wenn sie sachwidrig betrieben wird und die notwendige sachverständige Kontrolle fehlt, so sei schon an dieser Stelle darauf hingewiesen, daß eine fortlaufende Kontrolle des Kläreffekts der Anlage, vielleicht am einfachsten mit Hilfe des Absatzverfahrens (z. B. unter Benutzung der Spillnerschen Absitzgläser[2]) oder einer ähnlichen Einrichtung) erfolgen muß, auch muß darauf geachtet werden, daß der Abfluß der Kläranlage keinen freien Schwefelwasserstoff enthält.

Zu 3. Eine wichtige Frage ist, ob die Stadt Offenbach mit der mechanischen Reinigung der Abwässer auskommen wird. Da das Mainwasser schon oberhalb der Stadt mit oxydierbaren Stoffen reich beladen ist und auch der Gehalt des Main-

---

[1]) Der Wasserverbrauch beträgt z. Z. in Frankfurt a. M. im Mittel etwa 160 Liter pro Kopf und Tag.

[2]) Spillner, Absetzgläser zur Kontrolle mechanischer Kläranlagen, Gesundheits-Ingenieur 1910, S. 721.

wassers an gelöstem Sauerstoff im Maine zur warmen Jahreszeit oberhalb Offenbachs gering ist, so ist die Forderung einer weitergehenden Reinigung nicht von vornherein von der Hand zu weisen, um den Main nicht noch mehr auch durch gelöste oxydierbare Stoffe zu belasten. Es kommt hinzu, daß mit der Einrichtung der Neukanalisation in Offenbach die Abschwemmung der Fäkalien eingeführt werden soll.

Die durch die Abschwemmung der Fäkalien zu erwartende Mehrverunreinigung läßt sich ungefähr wie folgt vorausberechnen:

Nach Rubner scheidet ein Mensch täglich mit Harn und Kot 80,3 g Trockensubstanz aus, wovon 38,9 g organischer und 41,1 g anorganischer Natur sind. Rechnet man mit runden Zahlen, d. h. mit 80 g, wovon 40 organisch und 40 anorganisch sind, ferner mit einer Abwassermenge von 100 Litern für den Kopf und Tag, so entfallen auf 1 Liter Abwasser 0,8 g trockener Harn und Kot. Nehmen wir die Bewohnerzahl Offenbachs zu 70000 Einwohnern und die Mainwassermenge bei niedrigstem Niederwasser zu 40 Sekundenkubikmeter an, so würde durch die Einleitung der Fäkalien jedes Liter Mainwasser einen Zuwachs von

$$\frac{70000 \cdot 80000}{40000 \cdot 24 \cdot 60 \cdot 60}$$

gleich 1,6 mg Trockensubstanz erfahren. Nimmt man 100000 Einwohner an und, daß alle Fäkalien nur während der 12 Tagesstunden produziert werden, so ergibt sich ein Zuwachs von

$$\frac{100000 \cdot 80000}{40000 \cdot 43200} = 4{,}6 \text{ mg im Liter.}$$

Dabei ist nicht berücksichtigt, daß etwa ein Viertel der Trockensubstanz in Wasser unlöslich ist und mindestens teilweise in den mechanischen Sedimentieranlagen ausgeschieden wird. Es wird also durch die Einleitung der Fäkalien unterhalb des Wehres keine ästhetisch unzulässige Mainwasserverunreinigung geschaffen, da sie bei scharfer Kontrolle der mechanischen Klärung für die Sinne unmerklich sein wird. Natürlich wird aber auch dadurch für die Stadt Frankfurt bei der geringen Entfernung zwischen den Frankfurter Badeanstalten und dem Auslaß der Offenbacher Kläranlage keine gänzlich belanglose Veränderung des Mainwassers erzeugt, denn die gesteigerte Möglichkeit einer Infizierung des Flußlaufs ist nach dem oben gesagten trotz der bestehenden Vorschriften über den Desinfektionszwang bei ansteckenden Krankheiten nicht zu bestreiten.

Bedenkt man aber anderseits, daß weitaus die meisten Bakterien an den suspendierten Stoffen des Kanalwassers haften und daß die zu erbauende Kläranlage mindestens 60 % dieser suspendierten Stoffe aus dem grobvorgeklärten Abwasser und damit auch den größten Teil der Bakterien aus dem Abwasser herausfangen wird, so wird voraussichtlich trotz der Abschwemmung der Fäkalien in das Kanalnetz im Flußwasser eine erhebliche Verbesserung gegenüber den früheren Zuständen erzielt werden. Man wird daher die Fäkalienabschwemmung, zumal sie die Gesundheitsverhältnisse einer Stadt zu heben pflegt, der Stadt Offenbach nicht verweigern dürfen. Wird die Oehlersche Fabrik nicht an die Offenbacher Kanalisation angeschlossen, so wird wenigstens ein Anschluß der auf dem Fabrikgrundstück befindlichen Wasserklosetts an die Offenbacher Kanäle zu erfolgen haben.

Will man an eine weitergehende Reinigung denken, so käme für Offenbach wohl nur die Reinigung durch Bodenberieselung in Frage. Geeignetes Gelände würde sich südlich vom Maine unterhalb der Stadt Offenbach finden lassen, wie die geologischen Karten zeigen.

Durch Anwendung eines solchen Reinigungsverfahrens würde man die Abwässer der Stadt Offenbach a. M. als Quelle für die Mainverunreinigung so gut wie ganz ausschalten, was vom hygienischen Standpunkt aus allerdings willkommen sein würde. Bei dem gegenwärtigen Stande der Abwasserverhältnisse am Main bliebe aber trotzdem die allgemeine Verunreinigung des Flußlaufes noch in erheblichem Maße bestehen. Es braucht nur auf die Zellstoffabriken und die Fabriken in Mühlheim und Fechenheim oberhalb Frankfurt und auf die Abwässerzuleitung der Stadt Frankfurt selbst hingewiesen zu werden. Durch eine bezügliche Auflage an die Stadt Offenbach würden zwar die Verhältnisse für die Stadt Frankfurt etwas gebessert, die Zustände im ganzen aber nicht wesentlich verändert werden. Erst wenn einmal Frankfurt a. M. selbst dazu übergeht, sich nicht mit der mechanischen Reinigung seiner Abwässer zu begnügen, sondern eine noch intensivere Reinigung einzuführen, wird zu erwägen sein, ob nicht auch bezüglich der Abwässer der Stadt Offenbach noch schärfere Reinigungsauflagen zu machen sind.

Da zudem die Kosten für eine Reinigung der Abwässer mittels Rieselungsanlagen sich weit höher stellen als für die mechanische Reinigung, so wird man einstweilen davon absehen müssen, das Rieselverfahren für Offenbach vorzuschreiben. Dieser Standpunkt rechtfertigt sich auch aus Billigkeitsgründen.

Es ist nun noch die Frage zu erörtern, ob im Interesse der öffentlichen Gesundheitspflege die Forderung aufgestellt werden soll, daß die Kläranlage der Stadt Offenbach Vorrichtungen erhält, welche es ermöglichen, ausnahmsweise bei eintretenden Notfällen, z. B. Epidemien, das Abwasser mit Chlorkalk zu desinfizieren. Eine derartige Forderung pflegt in der Regel bei der Fäkalieneinleitung größerer Städte in Flußläufe gestellt zu werden. Als genügend wird im allgemeinen der Zusatz von 1 Teil Chlorkalk auf 2000 Teile Abwasser angesehen und eine Einwirkungszeit von 2 Stunden. Absolute Ruhe des mit Chlorkalk versetzten Abwassers ist zur Erzielung der Desinfektion nicht notwendig, es genügt, wenn das Abwasser kontinuierlich langsam die Sedimentierbecken durchströmt. Die Berichterstatter, denen der Reichsgesundheitsrat beigetreten ist, glaubten jedoch aus folgenden Gründen von einer Empfehlung der Desinfektion der Offenbacher Abwässer in Epidemiezeiten absehen zu sollen:

a) Soweit bekannt geworden ist, kam eine solche Desinfektion größerer Abwässermassen von Städten bisher noch nirgends praktisch zur Ausführung.

b) Eine Desinfektion des Trockenwetterabflusses bietet an sich noch keine Gewähr für eine Fernhaltung der Infektionserreger vom Flußwasser, sie könnte höchstens das Infektionsvermögen des Flußwassers verringern; denn bei Regenfällen würde auch undesinfiziertes Abwasser in den Fluß gelangen; ferner besteht auch die Gefahr einer Infektion des Flußwassers durch die Abgänge aus verseuchten Schiffen.

c) Um die großen Abwassermengen bis zu rund 1 sek./cbm Trockenwetterabfluß (vgl. S. 264) mit Chlorkalk zu desinfizieren, wäre eine Beckenanlage von solcher Größe notwendig, daß die Anlage für gewöhnliche Zeiten vermutlich nicht voll ausgenutzt werden könnte. Nimmt man z. B. eine durchschnittliche Beckentiefe von 2,50 m, eine Beckenbreite von 7 m und eine Klärgeschwindigkeit von 20 mm in der Sekunde an, so wären zur Desinfektion von 1 sec./cbm Abwasser bei kontinuierlichem Durchfluß und zweistündiger Einwirkungszeit des Desinfektionsmittels 8 Becken von je 50 m Länge gleichzeitig nebeneinander im Betrieb zu halten mit zusammen 7000 cbm Inhalt. Die Frankfurter Kläranlage benutzt dagegen nur einen Teil ihrer 14 Becken von nur 41,4 m Länge und 5,6 m Breite (Durchschnittstiefe 2,50 m) regelmäßig im Betriebe bei einem größeren Trockenwetterabfluß[1]), als ihn Offenbach haben wird, und einer Klärgeschwindigkeit von nur 10 mm/sek.

d) Die Kosten der Desinfektion würden unverhältnismäßig große sein.

Zur Desinfektion von 520 s./l. = rund 45000 cbm (vgl. S. 264) Abwasser für den Tag würden, wenn man den Chlorkalkzusatz auf 1 : 2000 bemißt, täglich 22500 kg Chlorkalk nötig sein, die bei Annahme eines Preises von 12 Mark für 100 kg Chlorkalk einen Kostenaufwand von 2700 Mark verursachen würden. Hierzu kämen unter Umständen noch die Kosten für Chemikalien zur Entfernung des überschüssigen Chlorkalks.

Aus den dargelegten Gründen würde es voraussichtlich praktisch und wirtschaftlich unausführbar sein, eine sichere Desinfektion der Abwässer einer Stadt wie Offenbach vorzunehmen.

Die Berichterstatter und der Reichs-Gesundheitsrat vertraten daher die Meinung, daß eine Verseuchung des Mainstroms zu Epidemiezeiten mit anderen Mitteln als durch die Desinfektion der Abwässer der Stadt Offenbach verhütet werden muß, so besonders durch eine besonders scharfe Kontrolle aller von der betreffenden Infektionskrankheit (Cholera, Typhus) befallenen sowie aller dieser Krankheit verdächtigen Personen. Eine gewissenhafte Desinfektion aller die Krankheitserreger enthaltenden Entleerungen am Krankenbette selbst und aller krankheitsverdächtigen Entleerungen wird besseren Erfolg haben, als die unsichere und unwirtschaftliche Desinfektion der Gesamtabwässer in der Kläranlage.

Was den von dem Dr. Ing. Heyd aufgestellten Entwässerungsplan anlangt, so ist darüber folgendes zu sagen:

Der Entwurf zur Kläranlage, den Offenbach bearbeiten läßt, ist noch nicht abgeschlossen. Beabsichtigt wird, daß mit den Fäkalien und den meisten Fabrikabwässern belastete Kanalwasser über einen Grobrechen nach einem Sandfang und von diesem in eine Absitzanlage (Brunnen oder Becken oder Kessel) gehen zu lassen. Für den Grobrechen ist die Abstreifung, für den Sandfang die Ausbaggerung mit Maschinenbetrieb geplant. Den ausgefüllten Schlamm gedenkt man auf Schlammbeeten soweit zu trocknen, daß er für die leichtere Abfuhr stichfest wird, und alsdann in Schiffen abzufahren.

[1]) Nach Angabe des Magistrats vom 20. Dezember 1910 im Mittel 100000 cbm im Tag.

Bei Trockenwetter sollen außer dem häuslichen Brauchwasser, das jetzt ungereinigt trotz mannigfacher Fäkalienbeimengung in das Oberwasser des Offenbacher Wehres einfließt, auch die Fabrikabwässer in die Kläranlage geleitet werden, die jetzt gleichfalls ohne genügende Reinigung in das Oberwasser gelangen. In jeder Fabrik soll eine Vorklärung soweit erfolgen, daß die Abwässer den Bestand und Betrieb der Kanäle und der gemeinsamen Kläranlage nicht gefährden. Durch besondere Revisionsschächte will man die Wirksamkeit der Vorklärung beobachten und die Innehaltung der Sondervorschriften prüfen. Da die Stadtverwaltung erhebliches Interesse an einer genügenden Vorklärung hat, läßt sich erwarten, daß die jetzigen Mißstände gehoben werden.

Bei Regenwetter findet jetzt eine beträchtliche Verschmutzung des Flußes statt, die künftighin in der Hauptsache vermieden wird, nachdem die Regenauslässe besser angelegt und die Kanäle in solchen Zustand gebracht worden sind, daß sie stetig gereinigt, richtig gespült und von Schlammablagerungen freigehalten werden können. Die Regenauslässe sollen nach 4facher Verdünnung des Brauchwassers wirksam werden. Da die Brauchwassermenge sehr groß bemessen ist, wird bei diesem Maße der Verdünnung das Überlaufen des Regenwassers nicht häufiger stattfinden als in anderen Städten, die mit größerer Verdünnung, aber kleinerer Brauchwassermenge rechnen. Nachdem die Regenauslässe zur vollen Wirksamkeit gelangt sind, ist aber die Verdünnung des Brauchwassers so bedeutend, daß keine nennenswerte Verschmutzung des Maines erwartet werden kann. Beispielsweise gelangen bei einem größten Winterregen etwa 15 cbm/sek. durch die Regenentlastungskanäle und Pumpwerke in den Main, während das Brauchwasser nur rund 1 cbm/sek. liefert. Bei einem größten sommerlichen Platzregen führen die Regenauslässe und die Kläranlage 41 cbm/sek. ab, d. h. ebensoviel wie die kleinste Abflußmenge des Maines beträgt, also an Regenwasser das 40fache der Brauchwassermenge.

Nach alledem ist der Entwurf für die neue Kanalisation der Stadt Offenbach in seinen Grundzügen als zweckmäßig anzuerkennen. Der Anschluß des neuen Kanalnetzes an die Kanalisation der Stadt Frankfurt erscheint danach untunlich. Um so dringlicher ist es jedoch, möglichst bald als Vorbedingung für die neue Kanalisation eine gute Kläranlage bei Offenbach herzustellen.

Alle größeren Quellen der Verunreinigung sind mitschuldig an der jetzigen schlechten Beschaffenheit des Mainwassers. Eine wesentliche Besserung würde vermutlich zu erzielen sein, wenn, was einmal geprüft werden sollte, die hauptsächlich zur Verunreinigung beitragenden Ortschaften einschließlich der Industrien zu einer Genossenschaft sich zusammenschlössen und ihre gesammelten Abwässer auf Rieselfeldern reinigten. An den Kosten müßten sich aber auch die räumlich entfernteren Abwässerproduzenten beteiligen, namentlich auch die Aschaffenburger Zellstoffabriken.

Schlußsätze.

1. Der Main ist auf seinem Unterlaufe stark verunreinigt. Als Hauptquellen der Verunreinigung oberhalb der Stadt Frankfurt a. M. sind anzusehen:

auf preußischem Gebiete: die Abwässser der chemischen Fabrik von Leopold Cassella & Co. in Fechenheim,

auf bayerischem Gebiete: die Abwässer der Zellstoffabriken Stockstadt und Aschaffenburg,
auf hessischem Gebiete: die Abwässer der Stadt Offenbach und ihrer Großindustrien (Lederfabriken und eine chemische Fabrik), sowie die der Zuckerfabrik Groß-Umstadt an der Gersprenz.

2. Auf Antrag Preußens und nach Zustimmung Hessens hat der Herr Reichskanzler (Reichsamt des Innern) ein Gutachten des Reichs-Gesundheitsrats darüber eingefordert, welche Maßnahmen erforderlich erscheinen, um die durch die Einleitung der Abwässer der Stadt Offenbach verursachte Verunreinigung des Maines auf ein erträgliches Maß zurückzuführen.

Diese gutachtliche Äußerung gibt der Reichs-Gesundheitsrat wie folgt ab:

3. Die bisherige Entwässerung der Stadt Offenbach ist unzureichend. Es sind zurzeit teils undichte gemauerte Kanäle, teils Rohrleitungen mit ungenügender Leistungsfähigkeit und in mangelhaftem Unterhaltungszustande vorhanden. Eine Reinigung des Kanalwassers, in das außer häuslichen Abwässern in großen Mengen auch Fabrikabwässer ungereinigt, ferner entgegen bestehenden Verbotsbestimmungen auch viele Fäkalien eingeleitet werden, findet bisher nicht statt.

4. Zweifellos hat gegenwärtig die Verunreinigung des Mainstroms oberhalb der Stadt Frankfurt a. M. einen hygienisch so bedenklichen Grad erreicht, daß die Brauchbarkeit des Mainwassers in seinem jetzigen Zustand als Badewasser und Fischwasser stark vermindert ist. Das Mainwasser belästigt die Anlieger außerdem gelegentlich durch widerlichen Geruch.

5. Die Ursache für die Verschlechterung des Flußwassers, vornehmlich oberhalb des Offenbacher Wehres, liegt hauptsächlich:

a) in einem starken Schwund des im Wasser gelösten Sauerstoffs,

b) in der Ablagerung und Ausscheidung ungelöster Schmutzstoffe auf der Flußsohle und einer hierdurch bewirkten starken Verschlammung des Flußschlauchs.

Als hygienisch minder bedenklich sind die häufig beobachteten Verfärbungen des Mainwassers durch Abwässer aus Farbwerken anzusehen.

6. In nicht unerheblichem Grade tragen die Abwässer der Stadt Offenbach zu der Verschlammung des Flußbetts und zu der Erhöhung des beobachteten Sauerstoffschwundes im Mainwasser bei.

Begünstigt wird das Auftreten dieser Mißstände durch den Aufstau des Mainwassers am Offenbacher Nadelwehr.

7. Als Maßnahmen, welche getroffen werden sollten, um die durch die Abwässer der Stadt Offenbach veranlaßte Verunreinigung des Maines auf ein erträgliches Maß zurückzuführen, empfehlen sich nachbezeichnete Einrichtungen:

a) Die Stadt Offenbach muß derart kanalisiert werden, daß eine Ablagerung von Unratstoffen in den Kanalleitungen nicht stattfinden kann.

b) Nach Möglichkeit sind sämtliche Abwässer, häusliche sowohl wie industrielle — letztere nach geeigneter Vorbehandlung und mit Ausschluß der Kühl- und Kondenswässer — zusammenzufassen, zu mischen und in einer gemeinsamen Kläranlage zu reinigen.

c) Die gereinigten Abwässer sind unterhalb des Offenbacher Wehres dem Mainstrom zuzuführen, um eine bessere Belüftung und raschere Durchmischung mit dem Mainwasser zu erzielen.

d) Es besteht zwar nach der Bodenbeschaffenheit die Möglichkeit, die Abwässer der Stadt Offenbach durch Bodenberieselung zu reinigen, doch ist eine so weitgehende Reinigung einstweilen vom hygienischen Standpunkt aus nicht geboten; auch im Hinblick auf die hohen Kosten einer Berieselungsanlage und mit Rücksicht auf die anderen Städten am Untermain gestattete Art der Abwässerbeseitigung kann von der Forderung, das Berieselungsverfahren in Offenbach einzuführen zur Zeit abgesehen werden. Es wird zunächst genügen, die Offenbacher Abwässer einer guten mechanischen Reinigung zu unterwerfen.

e) Es empfiehlt sich nicht, der Stadt ein bestimmtes System einer mechanischen Kläranlage vorzuschreiben, es genügt, nachbezeichnete Anforderungen an die Reinigungsanlage zu stellen:

aa) Mindestens 60% der im vorgeklärten Abwasser vorhandenen Schwebestoffe müssen ausgeschieden werden. Unter vorgeklärtem Abwasser ist das durch einen Sandfang und Rechen grob gereinigte Abwasser zu verstehen.

bb) Das Abwasser muß auch während der heißen Jahreszeit die Anlage in nicht faulendem Zustand verlassen.

cc) Es ist auf einen möglichst gedrängten Bau der Anlage Bedacht zu nehmen, sowie darauf, daß eine Belästigung der nächstgelegenen Wohnhäuser durch Gerüche und Fliegen vermieden wird.

dd) Der Betrieb der Anlage muß einer dauernden Kontrolle von sachverständiger Seite unterstehen.

ee) Eine bequeme und nicht belästigende Entfernung und Unschädlichmachung des anfallenden Schlammes muß gewährleistet sein.

8. Werden die in Nr. 7 bezeichneten Bedingungen erfüllt, so ist auch eine Aufnahme der Fäkalien in die Kanalisation statthaft.

9. Die Frage, ob es nicht zweckmäßiger wäre, die Offenbacher Kanäle an das Frankfurter Kanalsystem anzuschließen und die Offenbacher und Frankfurter Kanalwässer gemeinsam in der Frankfurter Kläranlage zu reinigen, erledigt sich durch den erbrachten Nachweis, daß es für Offenbach technisch-wirtschaftlich nicht zu umgehen ist, den größten Teil des Stadtgebiets nach dem Mischsystem zu entwässern. Dadurch entfällt die Möglichkeit eines Anschlusses an Frankfurt.

10. Gegen das von Dr. Ing. Heyd ausgearbeitete Projekt der Neukanalisation der Stadt Offenbach, das im einzelnen zu prüfen nicht Aufgabe des Reichs-Gesundheitsrats sein konnte, sind im allgemeinen Bedenken nur insofern zu erheben, als dasselbe von einem Anschluß der Oehlerschen Fabrik an die Kanalisation absieht. Sollten nochmalige Erwägungen ergeben, daß das Einleiten der Abwässer der Oehlerschen Fabrik in die Offenbacher Kanäle wegen der möglicherweise damit verbundenen Gefahren untunlich ist, so wäre wenigstens für eine geeignete Behandlung und Kontrolle der einen gemeinsamen Kontrollschacht durchfließenden Abwässer dieser Fabrik Sorge zu tragen. Fäkalienhaltige Abwässer müssen jedenfalls gesondert den Offenbacher Kanälen zugeführt werden.

Tabelle I.

Ergebnisse der chemischen Untersuchungen des Mainwassers bei Offenbach vom 6. bis 9. September 1911.

Probe wurde entnommen am Tag	um Stunde	um Tageszeit	Wassertemperatur °C	Entnahmestelle und Nr. der Probe	1 Liter Wasser verbraucht z. Oxydation mg Sauerstoff	In 1 Liter Wasser sind enthalten mg: Chlor	Abdampfrückstand	Asche	Verbrennliches	Schwebestoffe: gesamt bei 100°	organische	anorganische	1 Liter Wasser kann bei der gegebenen Temperatur enthalten ccm Sauerstoff	In 1 Liter Wasser wurden gefunden ccm Sauerstoff sofort nach der Entnahme	Daraus berechnet sich ein Sauerstoffdefizit von ccm im Liter	Nach 48 Stunden langer Aufbewahrung enthielt das Wasser nur noch ccm Sauerstoff (Sauerstoffzehrung)	Mischanalysen für die Bestimmung von Schwefelsäure, Kalk und Magnesia
6. 9.	7^{20}	vorm.	19	A 0	18,6	30,0	357,5	230,0	127,5	—	—	—	6,48	2,59	3,89	0,19	—
6. 9.	3^{50}	nachm.		1	12,4	30,0											
6. 9.	7^{00}	abends		2	16,4	29,0											
7. 9.	1^{00}	nachts		3	18,0	28,0											
7. 9.	7^{00}	vorm.	—	4	22,4	27,0	360,0	235,0	125,0	13,6	5,6	8,0	—	—	—	—	—
7. 9.	1^{00}	nachm.		5	20,0	29,0											
7. 9.	7^{00}	„		6	19,6	30,0											
8. 9.	1^{45}	nachts		7	18,8	29,0											
8. 9.	7^{00}	vorm.	20,5	8	18,4	28,0	362,5	232,5	130,0	—	—	—	6,48	4,79	1,69	1,58	—
8. 9.	1^{00}	nachm.		9	20,8	30,0											
8. 9.	7^{00}	„		10	22,0	30,0											
9. 9.	1^{00}	früh		11	21,6	31,0											
6. 9.	7^{20}	vorm.	19	B 0	18,0	25,0	361,0	230,0	131,0	—	—	—	6,48	3,86	2,62	1,38	B 0 bis B 11 [1]
6. 9.	3^{50}	nachm.		1	16,0	26,0											
6. 9.	7^{00}	abends		2	14,8	28,0											
7. 9.	1^{00}	nachts		3	20,4	25,0											
7. 9.	7^{00}	vorm.	—	4	26,0	24,0	376,0	245,0	131,0	17,0	7,4	9,6	—	—	—	—	—
7. 9.	1^{00}	nachm.		5	22,8	26,0											
7. 9.	7^{00}	„		6	21,2	26,0											
8. 9.	1^{45}	nachts		7	18,0	25,0											
8. 9.	7^{00}	vorm.	20,5	8	19,6	24,0	375,0	245,0	130,0	—	—	—	6,48	5,45	1,03	2,0	—
8. 9.	1^{00}	nachm.		9	22,8	27,0											
8. 9.	7^{00}	„		10	26,8	24,0											
9. 9.	1^{00}	früh		11	21,2	25,0											
6. 9.	7^{20}	vorm.	19	C 0	20,0	24,0	372,5	245,0	127,5	—	—	—	6,48	2,68	3,80	0,32	—
6. 9.	3^{50}	nachm.		1	15,6	28,0											
6. 9.	7^{00}	abends		2	18,0	29,0											
7. 9.	1^{00}	nachts		3	17,6	27,0											
7. 9.	7^{00}	vorm.	—	4	23,6	23,0	380,0	240,0	140,0	18,5	7,8	10,7	—	—	—	—	—
7. 9.	1^{00}	nachm.		5	22,8	29,0											
7. 9.	7^{00}	„		6	22,8	28,0											
8. 9.	1^{45}	nachts		7	19,2	26,0											
8. 9.	7^{00}	vorm.	20,5	8	18,8	23,0	386,5	235,0	151,5	—	—	—	6,48	4,71	1,77	1,51	—
8. 9.	1^{00}	nachm.		9	20,0	28,0											
8. 9.	7^{00}	„		10	26,0	28,0											
9. 9.	1^{00}	früh		11	22,8	25,0											

[1]) Vergl. Übersichtstabelle im Text unter B.

Probe wurde entnommen am Tag	um Stunde	um Tageszeit	Wassertemperatur °C	Entnahmestelle und Nr. der Probe	1 Liter Wasser verbraucht z. Oxydation mg Sauerstoff	In 1 Liter Wasser sind enthalten mg: Chlor	Abdampfrückstand	Asche	Verbrennliches	Schwebestoffe gesamt bei 100°	Schwebestoffe organische	Schwebestoffe anorganische	1 Liter Wasser kann bei der gegebenen Temperatur enthalten ccm Sauerstoff	In 1 Liter Wasser wurden gefunden ccm Sauerstoff sofort nach der Entnahme	Daraus berechnet sich ein Sauerstoffdefizit von ccm im Liter	Nach 48 Stunden langer Aufbewahrung enthielt das Wasser nur noch ccm Sauerstoff (Sauerstoffzehrung)	Mischanalysen für die Bestimmung von Schwefelsäure, Kalk und Magnesia
6. 9.	9^{00}	vorm.	19,5	D 0	20,0	46,0							6,42	1,81	4,61	0,00	—
6. 9.	5^{30}	nachm.		1	15,6	58,0	425,0	260,0	165,0	—	—	—					
6. 9.	8^{30}	abends		2	18,4	69,0											
7. 9.	2^{30}	nachts		3	21,2	45,0											
7 9.	8^{30}	vorm.		4	23,2	42,0											
7. 9.	2^{30}	nachm.	—	5	24,8	60 0	433,5	257,5	176,0	23,7	10,7	13,0	—	—	—	—	—
7. 9.	8^{30}	„		6	24,4	65,0											
8. 9.	3^{15}	nachts		7	21,2	53,0											
8. 9.	8^{30}	vorm.		8	19,2	52,0											
8. 9.	2^{30}	nachm.	20,5	9	22,8	62,0	440,5	260,0	180,5	—	—	—	6,42	3,47	2,95	0,79	—
8. 9.	8^{30}	„		10	26,8	55,0											
9. 9.	2^{30}	früh		11	26,4	46,0											
6. 9.	9^{00}	vorm.	19,5	E 0	18,8	51,0							6,42	3,08	3,34	0,60	E 0 bis E 11[1])
6. 9.	5^{30}	nachm.		1	16,8	52,0	422,5	267,5	155,0	—	—	—					
6. 9.	8^{30}	abends		2	18,0	59,0											
7. 9.	2^{30}	nachts		3	21,6	43,0											
7. 9.	8^{30}	vorm.		4	23,6	60,0											
7. 9.	2^{30}	nachm.	—	5	24,4	54,0	435,5	265,0	170,5	13,0	6,0	7,0	—	—	—	—	—
7. 9.	8^{30}	„		6	22,8	48,0											
8. 9.	3^{15}	nachts		7	20,4	54,0											
8. 9.	8^{30}	vorm.		8	20,4	43,0											
8. 9.	2^{30}	nachm.	20,5	9	24,8	63,0	442,5	285,0	157,5	—	—	—	6,30	5,05	1,25	2,16	—
8. 9.	8^{30}	„		10	28,4	78,0											
9. 9.	2^{30}	früh		11	25,6	41,0											
6. 9.	9^{00}	vorm.	19,5	F 0	19,6	26,0							6,42	1,67	4,75	0,00	—
6. 9.	5^{30}	nachm.		1	16,4	44,0	393,0	240,0	153,0	—	—	—					
6. 9.	8^{30}	abends		2	18,0	58,0											
7. 9.	2^{30}	nachts		3	17,6	27,0											
7. 9.	8^{30}	vorm.		4	22,4	25,0											
7. 9.	2^{30}	nachm.	—	5	22,8	27,0	390,0	247,0	143,0	17,0	7,6	9,4	—	—	—	—	—
7. 9.	8^{30}	„		6	23,6	48,0											
8. 9.	3^{15}	nachts		7	20,0	28,0											
8. 9.	8^{30}	vorm.		8	19,2	26,0											
8. 9.	2^{30}	nachm.	20,5	9	20,8	30,0	395,0	231,0	164,0	—	—	—	6,30	4,12	2,18	1,29	—
8. 9.	8^{30}	„		10	26,8	70,0											
9. 9.	2^{30}	früh		11	26,0	32,0											

[1]) Vergl. Übersichtstabelle unter E.

Probe wurde entnommen am: Tag	um: Stunde	um: Tageszeit	Wassertemperatur °C	Entnahmestelle und Nr. der Probe	1 Liter Wasser verbraucht z. Oxydation mg Sauerstoff	In 1 Liter Wasser sind enthalten mg: Chlor	Abdampfrückstand	Asche	Verbrennliches	Schwebestoffe: gesamt bei 100°	organische	anorganische	1 Liter Wasser kann bei der gegebenen Temperatur enthalten ccm Sauerstoff	In 1 Liter Wasser wurden gefunden ccm Sauerstoff sofort nach der Entnahme	Daraus berechnet sich ein Sauerstoffdefizit von ccm im Liter	Nach 48 Stunden langer Aufbewahrung enthielt das Wasser nur noch ccm Sauerstoff (Sauerstoffzehrung)	Mischanalysen für die Bestimmung von Schwefelsäure, Kalk und Magnesia
6. 9.	2^{00}	nachm.	20,5	K 0	22,8	66,0	430,0	270,0	160,0	—	—	—	6,30	1,04	5,26	0,01	—
6. 9.	10^{45}	„		1	20,8	48,0											
7. 9.	2^{00}	früh		2	17,2	47,0											
7. 9.	8^{00}	„		3	16,4	61,0											
7. 9.	2^{00}	nachm.	—	4	20,8	56,0	437,5	270,0	167,5	15,5	5,7	9,8	—	—	—	—	—
7. 9.	8^{00}	abends		5	23,2	49,0											
8. 9.	2^{00}	früh		6	24,4	52,0											
8. 9.	8^{00}	„		7	24,8	68,0											
8. 9.	2^{00}	nachm.	19	8	20,4	48,0	433,5	280,0	153,5	—	—	—	6,48	1,22	5,26	0,04	—
8. 9.	8^{00}	„		9	18,8	48,0											
9. 9.	2^{00}	früh		10	21,6	56,0											
9. 9.	8^{00}	„		11	25,6	70,0											
6. 9.	2^{00}	nachm.	20,5	L 0	24,0	55,0	425,0	258,0	167,0	—	—	—	6,30	1,35	4,95	0,01	L 0 bis L 11[1])
6. 9.	10^{45}	„		1	16,0	40,0											
7. 9.	2^{00}	früh		2	17,2	56,0											
7. 9.	8^{00}	„		3	18,0	62,0											
7. 9.	2^{00}	nachm.	—	4	22,8	44,0	441,0	273,0	168,0	13,2	6,3	6,9	—	—	—	—	—
7. 9.	8^{00}	abends		5	26,0	52,0											
8. 9.	2^{00}	früh		6	25,2	54,0											
8. 9.	8^{00}	„		7	25,6	68,0											
8. 9.	2^{00}	nachm.	20	8	25,2	88,0	462,0	270,0	192,0	—	—	—	6,36	1,89	4,47	0,20	—
8. 9.	8^{00}	„		9	20,8	48,0											
9. 9.	2^{00}	früh		10	23,6	59,0											
9. 9.	8^{00}	„		11	28,0	88,0											
6. 9.	2^{00}	nachm.	20,5	M 0	22,8	61,0	425,0	265,0	160,0	—	—	—	6,30	1,22	5,08	0,00	—
6. 9.	10^{45}	„		1	20,0	45,0											
7. 9.	2^{00}	früh		2	17,2	55,0											
7. 9.	8^{00}	„		3	21,2	64,0											
7. 9.	2^{00}	nachm.	—	4	22,8	38,0	432,0	262,5	170,0	14,5	7,5	7,0	—	—	—	—	—
7. 9.	8^{00}	abends		5	26,0	54,0											
8. 9.	2^{00}	früh		6	25,2	54,0											
8. 9.	8^{00}	„		7	24,8	71,0											
8. 9.	2^{00}	nachm.	19	8	25,6	60,0	449,0	281,0	168,0	—	—	—	6,48	1,01	5,47	0,00	—
8. 9.	8^{00}	„		9	20,8	44,0											
9. 9.	2^{00}	früh		10	23,6	58,0											
9. 9.	8^{00}	„		11	29,2	84,0											

[1]) Vergl. Übersichtstabelle unter L.

Tabelle II.

Ergebnisse der chemischen Untersuchung des Offenbacher Abwassers pp. vom 6. bis 9. September 1911.

Probe wurde entnommen am Tag	um Stunde	um Tageszeit	Wassertemperatur °C	Entnahmestelle und Nr. der Probe	1 Liter Wasser verbraucht z. Oxydation mg Sauerstoff	In 1 Liter Wasser sind enthalten mg: Chlor	Abdampf-rückstand	Asche	Verbrenn-liches	Schwebestoffe gesamt bei 100°	Schwebestoffe orga-nische	Schwebestoffe anorga-nische	1 Liter Wasser kann bei der gegebenen Temperatur enthalten ccm Sauerstoff	In 1 Liter Wasser wurden gefunden ccm Sauerstoff sofort nach der Entnahme	Daraus berechnet sich ein Sauerstoffdefizit von ccm im Liter	Nach 48 Stunden langer Aufbewahrung enthielt das Wasser nur noch ccm Sauerstoff (Sauerstoffzehrung)	Mischanalysen für die Bestimmung von Schwefelsäure, Kalk und Magnesia
6. 9.	1^{30}	nachm.	20,5	G 0	50,0	87,0	557,0	320,0	237,0	67,6	44,0	23,6	6,30	0,00	6,30	0,00	G 0 bis G 3 [1])
6. 9.	10^{00}	abends		1	64,0	92,0											
7. 9.	1^{00}	früh		2	107,0	162,0											
7. 9.	7^{00}	„		3	41,0	69,0											
7. 9.	1^{00}	nachm.	—	4	143,0	390,0	795,0	535,0	260,0	168,1	94,6	73,5	—	—	—	—	—
7. 9.	7^{00}	abends		5	87,0	140,0											
8. 9.	1^{00}	früh		6	69,0	115,0											
8. 9.	7^{00}	„		7	53,0	76,0											
8. 9.	1^{00}	nachm.		8	101,0	250,0	776,5	505,0	271,5	375,0	197,5	177,5	6,00	0,61	5,39	0,00	—
8. 9.	7^{00}	abends	23	9	82,0	183,0											
9. 9.	1^{00}	früh		10	82,0	127,0											
9. 9.	7^{00}	„		11	57,0	93,0											
6. 9.	1^{40}	nachm.	—	H 0	39,6	65,0	438,5	265,0	173,5	—	—	—	—	—	—	—	H 0 bis H 11 [1])
6. 9.	10^{00}	abends		1	24,0	50,0											
7. 9.	1^{00}	früh		2	22,0	51,0											
7. 9.	7^{00}	„		3	23,0	62,0											
7. 9.	1^{00}	nachm.	—	4	34,0	47,0	453,0	272,5	180,5	15,3	8,4	6,9	—	—	—	—	—
7. 9.	7^{00}	abends		5	32,0	53,0											
8. 9.	1^{00}	früh		6	35,0	54,0											
8. 9.	7^{00}	„		7	33,0	60,0											
8. 9.	1^{00}	nachm.	—	8	38,0	90,0	467,0	280,0	187,0	—	—	—	—	—	—	—	—
8. 9.	7^{00}	abends		9	33,0	48,0											
9. 9.	1^{00}	früh		10	32,0	48,0											
9. 9.	7^{00}	„		11	31,0	80,0											
6. 9.	1^{50}	nachm.	—	I 0	22,8	70,0	448,5	280,0	168,5	—	—	—	—	—	—	—	I 0 bis I 11 [1])
6. 9.	10^{00}	abends		1	—	—											
7. 9.	1^{00}	früh		2	42,0	46,0											
7. 9.	7^{00}	„		3	22,0	66,0											
7. 9.	1^{00}	nachm.	—	4	35,0	48,0	455,0	287,5	167,5	15,7	8,5	7,2	—	—	—	—	—
7. 9.	7^{00}	abends		5	30,0	51,0											
8. 9.	1^{00}	früh		6	35,0	53,0											
8. 9.	7^{00}	„		7	29,0	66,0											
8. 9.	1^{00}	nachm.	—	8	38,0	65,0	462,0	274,0	188,0	—	—	—	—	—	—	—	—
8. 9.	7^{00}	abends		9	26,0	48,0											
9. 9.	1^{00}	früh		10	29,0	50,0											
9. 9.	7^{00}	„		11	39,0	84,0											

[1]) Vergl. Übersichtstabelle unter G, H und I.

Probe wurde entnommen			Wassertemperatur °C	Entnahmestelle und Nr. der Probe	1 Liter Wasser verbraucht z. Oxydation mg Sauerstoff	In 1 Liter Wasser sind enthalten mg							1 Liter Wasser kann bei der gegebenen Temperatur enthalten ccm Sauerstoff	In 1 Liter Wasser wurden gefunden ccm Sauerstoff sofort nach der Entnahme	Daraus berechnet sich ein Sauerstoffdefizit von ccm im Liter	Nach 48 Stunden langer Aufbewahrung enthielt das Wasser nur noch ccm Sauerstoff (Sauerstoffzehrung)	Mischanalysen für die Bestimmung von Schwefelsäure, Kalk und Magnesia
am	um					Chlor	Abdampfrückstand	Asche	Verbrennliches	Schwebestoffe							
Tag	Stunde	Tageszeit								gesamt bei 100°	organische	anorganische					
8. 9.	7^{15}	vorm.	—	Z 1	18,4	37,0	398,0	235,0	162,0	—	—	—	—	—	—	—	—
8. 9.	7^{20}	„		2	18,4	43,0											
8. 9.	7^{45}	„		3	18,0	46,0											
8. 9.	1^{38}	nachm.		4	22,8	65,0											
8. 9.	1^{51}	nachm.	—	5	22,8	65,0	448,5	263,5	185,0	16,7	7,2	9,5	—	—	—	—	—
8. 9.	2^{04}	„		6	22,0	65,0											
8. 9.	7^{32}	„		7	22,0	69,0											
8. 9.	7^{58}	„		8	25,6	80,0											
8. 9.	8^{06}	nachm.	—	9	24,0	78,0	410,0	255,0	175,0	—	—	—	—	—	—	—	—
9. 9.	1^{19}	vorm.		10	24,8	39,0											
9. 9.	1^{32}	„		11	22,8	41,0											
9. 9.	1^{40}	„		12	22,0	44,0											
8. 9.	1^{34}	nachm.	—	Cassella 1	25,6	51,0	400,0	235,5	164,5	11,0	4,4	6,6	—	—	—	—	—
8. 9.	6^{20}	„		Cassella 2	21,6	35,0											

Tabelle III.

Ergebnisse der Untersuchung des Mainwassers bei Offenbach und des Offenbacher Abwassers am 12. Dezember 1911 auf den Gehalt an gelöstem Sauerstoff.

Mainwassertemperatur: 4° C. Abwassertemperatur: 14° C.

Entnahmestelle	1 Liter des untersuchten Wassers enthielt ccm Sauerstoff	1 Liter konnte bei Sättigung enthalten ccm Sauerstoff	Mithin betrug das Sauerstoffdefizit ccm	1 Liter Wasser enthielt nach 48 Stunden langer Aufbewahrung nur noch ccm Sauerstoff (Sauerstoffzehrung)
A	5,98	9,14	3,16	4,69
B	6,49	9,14	2,65	5,14
C	6,25	9,14	2,89	4,22
D	5,60	9,14	3,54	4,03
E	6,31	9,14	2,83	5,12
F	5,67	9,14	3,47	4,33
K	5,77	9,14	3,37	4,23
L	5,69	9,14	3,45	4,00
M	5,51	9,14	3,63	3,03
G	2,71	7,19	4,48	0,00
H	5,17	9,14	3,97	0,66
I	5,32	9,14	3,82	2,53

Tabelle IV.

Ergebnisse der Untersuchung des Mainwassers bei Offenbach und des Offenbacher Abwassers am 12. Dezember 1911 auf den Gehalt an bei Zimmertemperatur entwicklungsfähigen Keimen.

Mainwassertemperatur: 4° C. Abwassertemperatur: 14° C. Zählung mittels Lupe.

Entnahmestelle	1. Kulturplatte Keime im ccm	2. Kulturplatte Keime im ccm	Mittel: Keime im ccm	Gesamtmittel für das Profil, abgerundet
A	7 600	7 400	7 500	7 300 (A–C)
B	7 200	7 600	7 400	
C	6 800	7 200	7 000	
D	6 400	6 600	6 500	6 270 (D–F)
E	6 000	5 600	5 800	
F	6 600	6 400	6 500	
G	240 000	220 000	230 000	
H	33 600	34 000	33 800	
I	15 600	15 400	15 500	
K	9 800	9 200	9 500	8 830 (K–M)
L	7 800	7 600	7 700	
M	9 600	9 000	9 300	

Tabelle V.

Ergebnisse der Untersuchung des Mainwassers bei Offenbach und des Offenbacher Abwassers am 12. Dezember 1911 auf den Gehalt an bei Bruttemperatur (37°) wachsenden Keimen nach der Verdünnungsmethode (sogen. „Thermophilentiter").

Die durch ein + gekennzeichneten Wassermengen trübten die Nährbouillon nach entsprechend langer Aufbewahrungszeit (Wachstum).

I. Beobachtung nach 24 Stunden langer Aufbewahrung der Röhrchen im Brutschrank.

In die Nährbouillon eingeimpfte Wassermengen ccm	Schöpfstellen															
	A	B	B 1	C	D	E	E 1	F	K	L	L 1	M	G	H	H 1	I
1,0	+	+	+	+	+	+	+	+	+	+	+	+	+	+	+	+
0,1	+	+	+	+	+	+	+	+	+	+	+	+	+	+	+	+
0,01	+	+	+	0	+	0	0	0	+	+	+	+	+	+	+	+
0,001	0	0	0	0	0	0	0	0	+	0	0	+	+	+	+	0
0,000 1	0	0	0	0	0	0	0	0	0	0	0	0	+	0	0	0
0,000 01	0	0	0	0	0	0	0	0	0	0	0	0	0	0	0	0
0,000 001	0	0	0	0	0	0	0	0	0	0	0	0	0	0	0	0
0,000 000 1	0	0	0	0	0	0	0	0	0	0	0	0	0	0	0	0

II. Beobachtung nach 48 Stunden langer Aufbewahrung der Röhrchen im Brutschrank.

In die Nährbouillon eingeimpfte Wassermengen ccm	Schöpfstellen															
	A	B	B 1	C	D	E	E 1	F	K	L	L 1	M	G	H	H 1	I
1,0	+	+	+	+	+	+	+	+	+	+	+	+	+	+	+	+
0,1	+	+	+	+	+	+	+	+	+	+	+	+	+	+	+	+
0,01	+	+	+	+	+	+	+	+	+	+	+	+	+	+	+	+
0,001	0	+	+	0	+	0	0	0	+	0	0	+	+	+	+	0
0,000 1	0	0	0	0	0	0	0	0	0	0	0	0	+	0	0	0
0,000 01	0	0	0	0	0	0	0	0	0	0	0	0	0	0	0	0
0,000 001	0	0	0	0	0	0	0	0	0	0	0	0	0	0	0	0
0,000 000 1	0	0	0	0	0	0	0	0	0	0	0	0	0	0	0	0

Tabelle VI.

Ergebnisse der Untersuchung des Mainwassers bei Offenbach und des Offenbacher Abwassers am 12. Dezember 1911 auf den Gehalt an Traubenzucker bei Bruttemperatur (37°) vergärenden Keimen nach der Verdünnungsmethode (sogen. „Kolititer").

Die durch + + + gekennzeichneten Wassermengen erregten starke, die durch + + gekennzeichneten mittlere und die durch + gekennzeichneten sehr schwache Gärung in dem Nährboden.

I. Beobachtung nach 24 Stunden langer Aufbewahrung im Brutschrank.

In die Nährbouillon eingeimpfte Wassermengen ccm	Entnahmestellen															
	A	B	B 1	C	D	E	E 1	F	K	L	L 1	M	G	H	H 1	I
1,0	+++	++	++	+++	+++	+++	+++	++	+++	++	++	++	+++	+++	++-	+++
0,1	+++	++	++	0	+	0	0	+	+	?	?	+	+++	+++	++	+
0,01	0	0	0	0	0	0	0	0	0	0	0	0	++	+	+	+
0,001	0	0	0	0	0	0	0	0	0	0	0	0	+	0	0	0
0,0001	0	0	0	0	0	0	0	0	0	0	0	0	0	0	0	0
0,00001	0	0	0	0	0	0	0	0	0	0	0	0	0	0	0	0
0,000001	0	0	0	0	0	0	0	0	0	0	0	0	0	0	0	0
0,0000001	0	0	0	0	0	0	0	0	0	0	0	0	0	0	0	0

II. Beobachtung nach 48 Stunden langer Aufbewahrung im Brutschrank.

In die Nährbouillon eingeimpfte Wassermengen ccm	A	B	B 1	C	D	E	E 1	F	K	L	L 1	M	G	H	H 1	I
1,0	+++	+++	+++	+++	+++	+++	+++	+++	+++	++	++	+++	+++	+++	+++	+++
0,1	+++	+++	+++	+	+++	+	+	+++	++	++	++	++	+++	+++	+++	+++
0,01	0	0	0	0	0	0	0	0	0	0	0	++	+++	+++	+++	++
0,001	0	0	0	0	0	0	0	0	0	0	0	0	+++	0	0	0
0,0001	0	0	0	0	0	0	0	0	0	0	0	0	0	0	0	0
0,00001	0	0	0	0	0	0	0	0	0	0	0	0	0	0	0	0
0,000001	0	0	0	0	0	0	0	0	0	0	0	0	0	0	0	0
0,0000001	0	0	0	0	0	0	0	0	0	0	0	0	0	0	0	0

Tabelle VII.

Ergebnisse der Schlammuntersuchungen aus dem Maine bei Offenbach und dem städtischen Graben am 10., 16. und 24. Oktober 1911 auf Schwefelwasserstoffgehalt.

Entnahmestelle	a) Feuchter Schlamm 1 kg Schlamm enthielt mg Schwefelwasserstoff am				b) Trockener Schlamm 1 kg Schlamm enthielt mg Schwefelwasserstoff am			
	10. 10. 11	16. 10. 11	24. 10. 11	Mittel	10. 10. 11	16. 10. 11	24. 10. 11	Mittel
A	30,0	100,0	62,0	64,0	137,0	469,0	325,0	310,3
B	34,0	132,0	114,0	93,3	205,6	693,8	731,0	543,5
C	25,5	307,0	276,6	203,0	174,6	961,0	788,8	641,5
D	567,0	121,4	39,4	242,6	2881,3	685,5	236,4	1267,8
E	364,0	94,5	1212,5	557,0	1568,6	441,6	5380,0	2463,4
F	586,0	1620,7	362,5	856,4	2462,6	5354,6	1706,0	3174,4
G	—	1249,1 viel Sand	325,0 Sand	787,0	—	1754,8	383,8	1069,3
H	—	570,5	566,0	568,2	—	4165,0	4375,0	4270,0
I	—	1056,7	1200,0	1118,3	—	5468,5	3229,1	4348,8
K	37,0	65,4	65,0	55,8	255,0	850,0	450,6	518,5
L	28,0	65,4	147,0	80,1	163,0	566,7	1514,3	748,0
M	54,0	607,0	324,0	328,3	453,3	512,1	1246,2	737,3

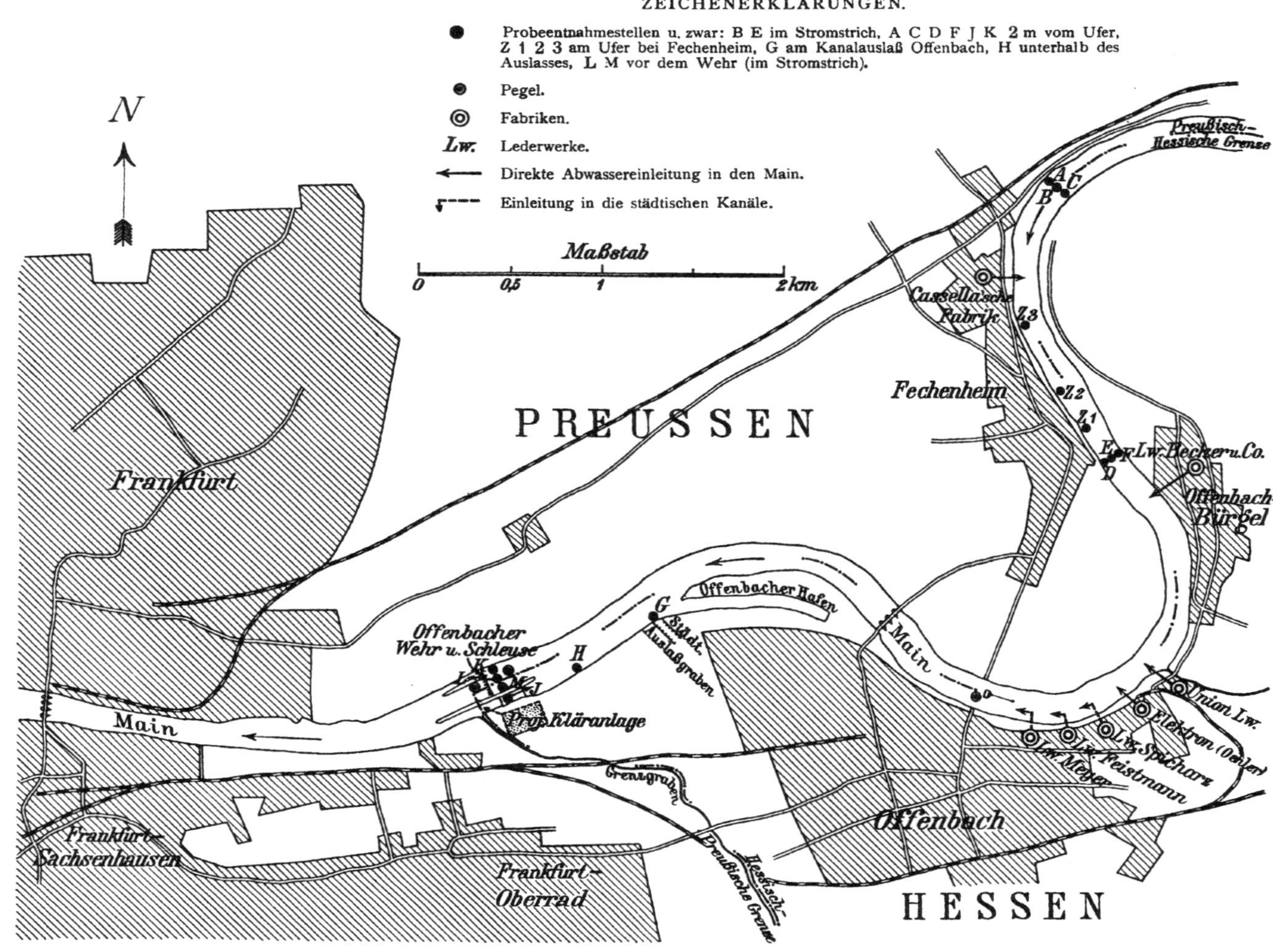

Verlag von Julius Springer in Berlin.